FSC
www.fsc.org

Timo Schweizer

Sprache und Gehirn

Der auditorische Kortex und seine Bedeutung in der Verarbeitung von Sprache

Diplomica® Verlag GmbH

Schweizer, Timo: Sprache und Gehirn: Der auditorische Kortex und seine Bedeutung in der Verarbeitung von Sprache. Hamburg, Diplomica Verlag GmbH 2012

ISBN: 978-3-8428-8244-7
Druck: Diplomica® Verlag GmbH, Hamburg, 2012

Bibliografische Information der Deutschen Nationalbibliothek:
Die Deutsche Nationalbibliothek verzeichnet diese Publikation in der Deutschen Nationalbibliografie; detaillierte bibliografische Daten sind im Internet über http://dnb.d-nb.de abrufbar.

Die digitale Ausgabe (eBook-Ausgabe) dieses Titels trägt die ISBN 978-3-8428-3244-2 und kann über den Handel oder den Verlag bezogen werden.

Inhaltsverzeichnis

Abbildungsverzeichnis

1 Einleitung

Die Fähigkeit, über Sprache miteinander zu kommunizieren, hat die Forschung schon immer beschäftigt. Wissenschaftler aller Epochen, von der Antike bis zur Neuzeit, versuchten zu erforschen, was genau es dem Menschen ermöglicht, Sprache zu produzieren und zu verstehen.

Eine frühe und heute eher archaisch anmutende Erklärung, gibt das Edwin Smith Papyrus, ein medizinischer Text, der 3500 v. Chr. verfasst wurde. Darin wird erläutert, dass der Verlust von Sprache dem Atem eines Gottes zuzuschreiben ist und man sich des Problems nur entledigen könne, indem man ein Loch in den Schädel des Patienten bohre und den Geist herausließe.

Auch wenn dies heute unglaublich klingt, zeigt es doch, dass schon damals die Wissenschaft eine direkte Verbindung zwischen Sprache und Gehirn sah. Im dritten Jahrhundert v. Chr. unternahm Galen, ein Doktor der Gladiatoren betreute, erste Studien an Gehirnläsionen. Guainerio machte im 15. Jahrhundert Hohlräume, sogenannte Ventrikel, für unterschiedliche Sprachstörungen verantwortlich. Gessner sah im späten 18. Jahrhundert Verbindungsprobleme zwischen verschiedenen Gehirnarealen als Grund für Sprachstörungen an. Dies wurde später durch die Entdeckung der Leitungsaphasie, einer Verbindungststörung zweier, für die Sprachverarbeitung wichtiger Areale, bestätigt.

Ende des 19. Jahrhunderts führte Gall das Konzept des Lokalismus ein, welches besagt, dass das Gehirn modular aufgebaut ist und spezifische Funktionen in spezifischen Arealen lokalisiert sind. Paul Broca und Carl Wernicke machten diese Auffasung populär, nachdem sie mit der Entdeckung des Broca-Zentrums (motorisches Sprachzentrum) und des Wernicke-Zentrums (sensorisches Sprachzentrum) zwei für die Sprachverarbeitung wichtige Areale identifiziert hatten.

Neben der historischen Seite der Sprachforschung drängt sich die Frage auf, welche weiteren Gebiete innerhalb dieses Prozesses involviert sind und welchen Teil der auditorische Kortex in dieser Prozesskette einnimmt. Der im Titel verwendete Begriff der Sprachverarbeitung, bezeichnet sowohl den perzeptiven als auch den produktiven Aspekt dieser Prozessketten. Gerade in der Perzeption von Sprache beginnt der eigentlich Vorgang schon vor der Interpretation in den kortikalen Strukturen im Gehirn.

Den Hörnerv, als Bindeglied zwischen dem Gehirn und dem Gehörapparat gilt es zu erwähnen, als auch die sogenannten Kernstrukturen, die als Verteilerstationen für den Schall fungieren. Strukturen für Schallortung und Schalllokalisation, sowie komplexere Verarbeitungsschritte wie die Mustererkennung, sind alles Stufen und Gebiete, die vor der eigentlichen Spracherkennung im auditorischen Kortex durchlaufen werden.

Der auditorische Kortex selbst, ist für die Erkennung und somit der Bedeutungszuweisung zuständig. Besonders der sekundäre auditorische Kortex, welcher zu typischen Symptomen der Wernicke-Aphasie führt, wie beispielsweise semantische Paraphrasien, verbindet die Äußerungen mit der Bedeutung. Auch das Dual-Stream Modell, ein Sprachmodell aus dem Jahre 2007, welches einen Teil dieser Arbeit bildet, weist dem auditorischen Kortex eine Rolle in der Verarbeitung von phonologischen und semantischen Prozessen zu.

Zielsetzung:

Das vorliegende Buch versucht die Funktion des auditorischen Kortex innerhalb des menschlichen Sprachprozesses zu beschreiben. Dabei wird der Weg des Schalls von dessen Ursprung bis zu den verarbeitenden Arealen des Gehirns nachgezeichnet.

Verarbeitungsschritte innerhalb des Hörorgans werden ebenso erklärt, wie die Anatomie und die Funktionsweise. Neben der Lokalisierung der auditorischen Gebiete, wird vor allem auf die Funktionsweise dieser eingegangen. Seit der Entdeckung der Zugehörigkeit dieser Areale zum Sprachverarbeitungsprozess durch Carl Wernicke (Wernicke, 1874a), welcher die auditorischen Gebiete in der sprachdominanten Hemisphäre beschrieb, wurde jenen eine Rolle in der Spracherkennung zugesprochen.

Durch Auswertung, der durch Schädigung dieser Gebiete enstehende Sprachstörungen, welche als sensorische Aphasie oder Wernicke-Aphasie bezeichnet werden, soll die Stellung dieser Areale untersucht werden. Desweiteren wird in anschließenden Kapiteln die Funktion dieser Gebiete in aktuellen Sprachmodellen dargestellt und mit den bisherigen Meinungen, vor allem den Erkenntnissen der Wernicke Aphasie, verglichen.

Abschließend werden die Reaktionen des auditorischen Kortex auf unterschiedliche Sprachstimuli dargestellt. Als Grundlage dient hier die Studie von Houde et al. aus dem Jahre 2002, welche die Reaktionen der auditorischen Areale auf Sprachfeedback untersuchten.

2 Grundlagen des Hörens

Damit der auditorische Kortex Informationen verarbeiten kann, müssen verschiedene Bedingungen erfüllt sein. Zum einen muss eine Schallquelle Informationen bereitstellen, des Weiteren ist ein Trägermedium notwendig, welches den Schall transportiert. Das Ohr nimmt das ankommende Signal auf und wandelt es in ein neuronales Erregungspotential um, welches im auditorischen Kortex weiterverarbeitet wird.
Dieses Kapitel geht zunächst auf die Eigenschaften des Schalls ein und beschreibt danach den mechanischen Hörprozess ,welcher eine grundlegende Rolle für die Weiterverarbeitung im auditorischen Kortex spielt.

2.1 Schall als Quelle des Hörvorgangs

Als Schall bezeichnet man allgemein einen Ton, Klang oder ein Geräusch. Physikalisch gesehen ist Schall eine Welle, die auf der Ausbreitung von kleinsten Druck und Dichteschwankungen in einem elastischen Medium beruht. Als Transportmedien kommen außer Luft auch andere Gase, Flüssigkeiten oder Festkörper in Betracht, die, die Schallwellen unterschiedlich gut weiterleiten. Sofern nicht anders angegeben, wird in dieser Arbeit von Luft als Medium ausgegangen.

In Luft und unter Normalbedingungen (20°C) beträgt die Fortpflanzgeschwindigkeit der Wellen, im Weiteren Schallgeschwindigkeit genannt, 343 m/s.

Weitere Parameter des Schalls sind der Schalldruck, welcher ebenso wie der Schalldruckpegel, den Wechseldruck und somit die Lautstärke definieren. Beide unterscheidet lediglich die Skala, die ihnen zugrunde liegt. Der Schalldruck wird in N/m^2 angegeben, was zu unhandlichen Größen führen kann. Aus diesem Grund bevorzugt man die Einheit des Schalldruckpegels, welche auf der logarithmischen Dezibelskala beruht.
Die Formel zur Berechnung des Schalldruckpegels lautet:

$$L_{Pegel} = 20_{10}log\frac{P_x}{P_0}[dB]$$

$$P_x = Schalldruck^1$$

$$P_0 = Bezugsschalldruck^2$$

Durch den logarithmischen Charakter der Dezibelskala, führt eine Verdopplung des Schalldrucks P_x, zu einer Erhöhung des Schalldruckpegels L um 6dB. Eine Verzehnfachung des Schalldrucks P_x führt zu einer Erhöhung des Schalldruckpegels L um 20dB.
Eine weitere Größe ist die Schallfrequenz. Diese bezeichnet die Anzahl der Schallwellenschwingungen pro Sekunde. Die Frequenz trägt als Maßeinheit [Hz] und korreliert mit der Tonhöhe. [3] Durch die Qualität der Frequenz kann man zudem unterscheiden ob es sich um

[1] $P_x = \frac{F}{A}$
[2] Der Bezugschalldruck ist nach DIN 45630 als $p_0 = 2 * 10^{-5} N/m^2$ definiert.
[3] Die Einheit Hz, wurde nach dem deutschen Physiker Heinrich Rudolf Hertz (1857-1894) benannt

einen Ton, einen Klang oder ein Geräusch handelt wie es beispielhaft auf der Abbildung 2.1 dargestellt.

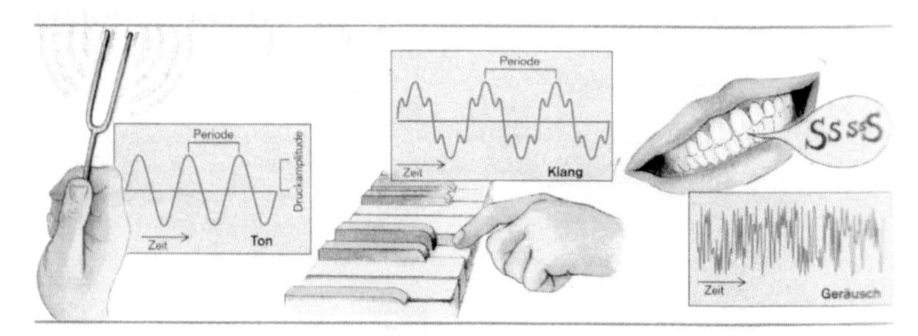

Abbildung 2.1: *Schallwellendarstellung von Ton , Klang und Geräusch: Töne und Klänge haben eine periodische Struktur, bei einem Geräusch ist keine Periode zu erkennen. Ein Klang besitzt zur Grundwelle noch zusätzliche Oberwellen. Quelle: (Klinke u. Silbernagl, 1996, S.570)*

2.2 Der Hörbereich des Menschen

Sehr leise als auch sehr tiefe oder hohe Töne, sind für den Menschen nicht wahrnehmbar. Nur Frequenzen und Lautstärkenwerte die in einem bestimmten Bereich liegen, können vom menschlichen Ohr erfasst werden. Dieser Bereich wird als Hörbereich bezeichnet.

Der Hörbereich des Menschen erstreckt sich von der Hörschwelle, die bei 0 dB lokalisiert ist und einem Schalldruck von $2x10^{-5}N/m^2$ entspricht, bis zur Schmerzschwelle, die bei 130dB liegt, welches der Lautstürke eines startenden Düsentriebwerkes entspricht. Neben der Lautstärke eines Signals spielt auch die Frequenz für das menschliche Ohr eine entscheidende Rolle. Der Frequenzbereich reicht von 20 Hz bis 20 Khz. Töne, Geräusche, oder Klänge, die entweder darunter liegen, im sogenannten Infraschallbereich, oder oberhalb von 20 Khz im Ultraschallbereich, können nicht wahrgenommen werden.

Der Bereich von 20 Hz bis 20 kHz, ist jedoch eher als theoretisches Maximum anzusehen, da selbst bei Jugendlichen der obere Wert zwischen 16 bis 20 Khz liegen kann und sich diese obere Grenze durch den natürlichen Alterungsprozess kontinuierlich nach unten absenkt, was ein erschwertes Hören von hohen Frequenzen zur Folge hat.

Desweiteren bevorzugt das Hörorgan mit 2 bis 5 kHz einen viel engeren Bereich als theoretisch möglich wäre. Alle Frequenzen ausserhalb dieses Frequenzbandes benütigen einen höheren Schalldruck, um als gleich laut wahrgenommen zu werden. Lautstärke an sich ist mehr, als der bloße Schalldruck. Für die subjektive Komponente, die diesem Begriff innewohnt, wurde die Einheit phon eingeführt. Diese gibt nicht nur den absoluten Wert des Schalldrucks an, sondern bedient sich eines Bezugssystems. Als Bezugspunkt dient ein beliebiges Tonsignal mit einer Frequenz von 1000 Hz. Somit sind der Schalldruckpegel und der Lautstärkepegel nur bei 1 Khz äquivalent.

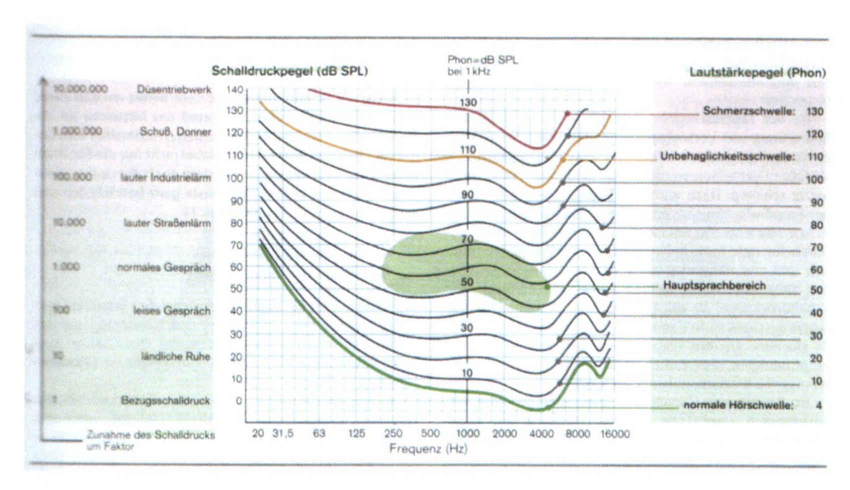

Abbildung 2.2: *Der Hörbereich des Menschen. Bei 1 kHz entspricht der Schalldruckpegel dem Lautstärkepegel Quelle: (Klinke u. Silbernagl, 1996, S.571)*

2.3 Der Hörprozess

Nachdem der Schall die Ohrmuschel und den Gehörgang passiert hat, wird er über das Trommelfell und die Gehörknöchelchen weitergeleitet an die mit Lymphflüssigkeit gefüllten Gebiete. Im letzten Schritt wird das mechanische Signal in elektrische Impulse umgewandelt und über den VIII. Hirnnerv zum primären auditorischen Kortex im Gehirn weitergeleitet. Diese Prozesskette läuft in drei verschiedenen Arealen ab: Außenohr, Mittelohr und Innenohr.

2.3.1 Das Außenohr

Das Außenohr besteht aus der Ohrmuschel, dem äußeren Gehörgang und dem Trommelfell. Die Ohrmuschel hat die Funktion eines Trichters. Sie fängt den Schall auf und leitet ihn über den 4 bis 5 Zentimeter langen äußeren Gehörgang an das Trommelfell weiter. Das Trommelfell besteht aus einer etwa 0.1 mm dicken Membran; sie verschließt den äußeren Gehörgang gegen die Paukenhöhle und bildet die Grenze zum Mittelohr.

2.3.2 Das Mittelohr

Das Mittelohr besteht aus der sogenannten Paukenhöhle, die der Weiterleitung und Verstärkung des Schalls dient. Die luftgefüllte Paukenhöhle beinhaltet die Gehörknöchelchen, die sind ein Verbund aus drei gelenkig miteinander verbundenen Teilen, dem Hammer, dem Amboss und dem Steigbügel. Der Hammer, welcher direkt am Trommelfell angewachsen ist, nimmt die Trommelfellschwingung auf und leitet diese, mit Hilfe von Amboss und Steigbügel über eine kleine Öffnung, dem ovalen Fenster, an eine lymphähnliche Flüssigkeit im Innenohr weiter, die sogenannte Perilymphe.

Die Weiterleitung des Schalls an die Perilymphe kann über die Luft oder über die Knochen erfolgen. Da die Perilymphe des Innenohrs einen höheren Widerstand (Impendanz) als die Luft besitzt, muss eine Impendanzanpassung erreicht werden. Diese erfolgt über

eine Schalldruckverstäkung, welche durch das Zusammenspiel aus Trommelfell und den Gehörknöchelchen erreicht wird.
Zwei Werte sind für die Berechnung der Schalldruckverstärkung maßgeblich: Das Größenverhältnis zwischen Trommelfell und ovalem Fenster (17:1) sowie die Hebelwirkung der Gehörknöchelchen (Faktor 1,3). Das Produkt aus dem Größenverhätnis und dem Faktor der Hebelwirkung ergibt einen Verstäkungsfaktor von 22,1 was eine Steigerung des Trommelfelldrucks um das zweiundzwanzigfache bedeutet.

Anders als die Luftleitung bedient sich die Knochenleitung der Schwingungen des Schädelknochens. Diese Art der Weiterleitung ist sehr verlustbehaftet, da viel Schallenergie bei der Anregung des Schädelknochens verloren geht. Aufgrund dieser Tatsache sind die Töne bei der Knochenleitung signifikant leiser als bei der Luftleitung. Deshalb spielt die Knochenleitung bei der Sprachwahrnehmung auch nur eine untergeordnete Rolle.

2.3.3 Das Innenohr:

2.3.3.1 Aufbau des Innenohrs

Nachdem der Schall im Außenohr aufgefangen und im Mittelohr verstärkt wurde, erreicht er das Innenohr. Das Innenohr beinhaltet mit dem Vestibularapparat für den Gleichgewichtssinn und der Kochlea gleich zwei für den Menschen wichtige Sinnesorgane. Die Kochlea, eine schneckenförmige Struktur , enthält drei Kanäle, die Vorhoftreppe (Scala vestibuli), die Paukentreppe (Scala tympani) und den Schneckengang (Scala media). Die Kanäle, allesamt mit lymphähnlicher Flüssigkeit gefüllt, werden durch Membranen begrenzt.

Die Reissner-Membran trennt den Schneckengang von der Vorhoftreppe. Die Basilarmbran, in der das für die Signalverarbeitung wichtige Corti-Organ (vgl. Abbildung 2.3) liegt, begrenzt den Schneckengang bis hin zum spitzen Ende der Kochlea, dem Helikotrema, an dem der Schneckengang in die Pauketreppe übergeht.

Die lymphähnlichen Flüssigkeiten in den Kanälen unterscheiden sich. Die den Schneckengang umgebenende Vorhof- und Paukentreppe sind mit Perilymphe gefüllt. Diese Flüssigkeit ist Na+-reich und K+-arm. Der Schneckengang selbst ist hingegen mit der K+-reichen Endolymphe gefüllt welche von den Zellen an der Wand des Schneckengangkanals gebildet wird.

Zusätzlich zu den mit Flüssigkeit gefüllten Kanülen, gehüren die Sinneszellen, im Weiteren Haarzellen genannt, zu den auditorisch relevanten Strukturen des Innenohres.
Diese Zellen, die in innere und äußere Haarzellen unterschieden werden, gehören zu den sekundären Rezeptorzellen, da sie einen Reiz aufnehmen, jedoch, augrund des Fehlens von Dendriten, diesen nicht auf direktem Wege abgeben können. Der Reiz wird viel mehr über eine nachgeschaltete Nervenzelle weitergeleitet, deren Dendriten mit der Synapse der Rezeptorzelle verbunden sind.

Zusätzlich zu den mit Flüssigkeit gefüllten Kanülen, gehören die Sinneszellen, im Weiteren Haarzellen genannt, zu den auditorisch relevanten Strukturen des Innenohres. Diese Zellen, die in innere und äußere Haarzellen unterschieden werden, gehören zu den sekundären Rezeptorzellen, da sie einen Reiz aufnehmen, jedoch, aufgrund des Fehlens von Dendriten, diesen nicht auf direktem Wege abgeben künnen. Der Reiz wird vielmehr über eine nachgeschaltete Nervenzelle weitergeleitet, deren Dendriten mit der Synapse der Rezeptorzelle verbunden sind.

Die Haarzellen sind reihenweise angeordnet und zwar in den äußeren Zellen dreireihig und in den inneren einreihig. Überdeckt werden die Haarzellen mit einer Membran, der Tektorialmembran. Diese hat eine direkte Verbindung zu den Zilien, den Zellfortsätzen der inneren Haarzellen. Die Zilien unterscheiden sich in ihrer Größe, wonach kürzere Zilien über Proteinfäden (Tip Links) an längere Fortsätze angebunden sind, was sich bei einer Auslenkung der Zillien in einer Verstärkung oder Abschwächung der Zugwirkung auf die Proteinfäden auswirkt.

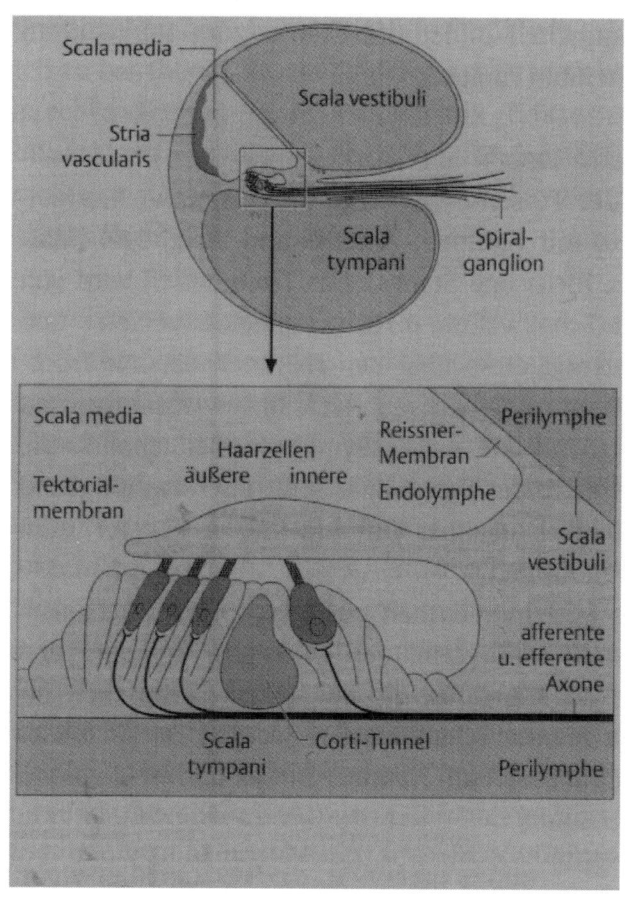

Abbildung 2.3: *Aufbau des Corti-Organs (nach Silbernagl / Despopoulos) Quelle: (Huppelsberg u. Walter, 2005, S.358, 2.korrigierte Auflage)*

2.3.3.2 Der Transduktionsprozess: Einleitung

Die Umwandlung des Schalls in elektrische Signale verläuft in mehreren Schritten. Am Anfang die Prozesskette steht der Steigbügel des Mittelohres, im Folgenden Stapes genannt. Durch die Anregung des Stapes und die damit verbundene Ein - und Auswärtsbewegung der Fußplatte, werden die Schallwellen auf die Flüssigkeiten und Membranen der Kochlea übertragen. Die damit einhergehende Druckwelle verursacht Deformationen in den mit Flüssigkeit gefüllten Kanälen und löst eine wellenförmige Bewegung entlang der Membran aus - die sogenannte Wanderwelle.

Die Wanderwelle beschreibt eine Oszillation der Amplitude, der Auslenkung des Signals. Grundlage für diese Oszillationen ist die Basilarmembran. Ihre Steifigkeit nimmt in Richtung des Helikotremas ab und beeinflusst dadurch direkt das Schwingungsverhalten der Welle. Hohe Frequenzen erreichen ihr Amplitudenmaximum in der Nähe des Stapes, tiefere Frequenzen nahe des Helikotremas. Der Ort des Amplitudenmaximums hängt somit von der Frequenz ab.

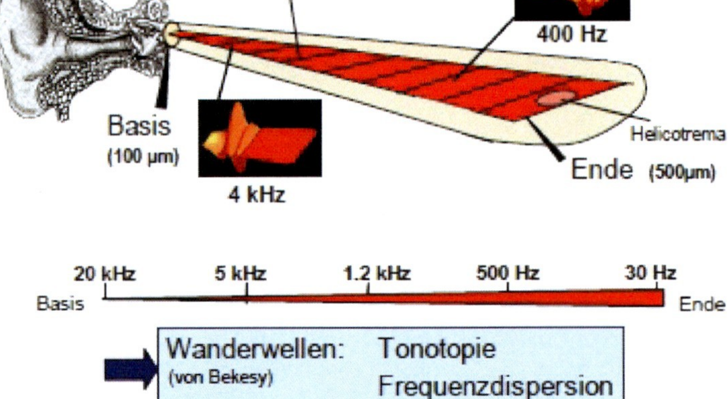

Abbildung 2.4: *Wanderwelle in der Kochlea*
Sichtbar sind die Basilarmembran und das zugehörige Frequenzband was die tonotopischen Eigenschaften darstellten soll.
Quelle: http : //www.uak.medizin.uni − tuebingen.de/depii/groups/elke_archiviert/lectures/audisys.pdf, (Tübingen, abgerufen am: 28.11.2010 , 18:20 Uhr)

2.3.3.3 Der Transduktionsprozess: Erregung der äußeren Haarzellen

Durch die Oszillationen der Welle unterliegen Basilar - und Tektorialmembran einer Auf - bzw. Abwärtsbewegung. Eine Aufwärtsbewegung dehnt die Tips Links aus, was zum Öffnen von Ionenkanälen, den Transduktionskanälen, führt. Das Membranpotential der äußeren Haarzellen hat eine negative Ruheladung in Höhe von -70 mV. Der Endolymphraum hat aufgrund der unterschiedlichen Zusammensetzung seiner lymphähnlichen Flüssigkeiten, ein positives Potential in Höhe von +80 mV. Durch diese unterschiedlichen Ladungen entsteht eine Potentialdifferenz von 150 mV. Werden nun durch eine Aufwärtsbewegung der Basilarmembran die Ionenkanäle geöffnet, strömen positiv geladene Kaliumionen in die Haarzelle. Dadurch verringert sich die negative Ladung in der Zelle, sie wird depolarisiert.

Diese Änderung der Ladungsverhältnisse wird Rezeptorpotential genannt. Werden die Kanäle wieder geschlossen, geht das Ladungsniveau auf den Wert des ursprüngliche Membranpotentials zurück, die Zelle wird repolarisiert. Dies geschieht durch spannungsabhängige Kaliumkanäle, die sich öffnen um das Kalium in die kaliumarmen Extrazellulärräume des Corti-Organs eindringen zu lassen.

Die äußeren Haarzellen haben zwei wichtige Funktionen. Zum einen wird der mechanische Schallreiz in elektrische Potentiale umgewandelt. Zum anderen verstärken sie den Schallreiz, da die oszillierende Membranspannung zu aktiven Längenänderungen innerhalb der Haarzellen führt. Durch diese aktive Verkleinerung oder Vergrößerung der Haarzellen kann zusützliche Schallenergie erzeugt werden, die zu einer Vestärkung der Wanderwelle führt. Diese wird im Amplitudenmaximum überhöht, was die Frequenzselektivität verbessert.

2.3.3.4 Der Transduktionsprozess: Erregung der inneren Haarzellen

Durch die verstärkte Schwingungsenergie der Wanderwelle, werden die Fortsätze der inneren Haarzellen abgebogen und die Proteinfüden, die Tip-Links gedehnt bzw. kontrahiert. Das Öffnen und Schließen der Ionenkanäle , einschließlich des Hereinströmens von Kaliumkationen, entspricht exakt dem Vorgang der äußeren Haarzellen. Auch hier depolarisiert die Haarzelle, jedoch führt dies nicht wie bei den äußeren Haarzellen, zu einer aktiven Längenänderung und Amplitudenanhebung, sondern zum Einströmen von Calciumkationen.

Diese Calciumkationen bedingen eine Ausschüttung des Botenstoffes Glutamat am basalen, dem zellinneren zugeneigtem Pol der Zelle. Ein Botenstoff ist wichtig, da Rezeptorzellen, wie die Haarzellen, nicht selbst Aktionspotentiale generieren können , sondern mit dem ersten afferenten Neuron, das die Aktionspotentiale weiterleitet, eine Synapse teilen. Der Botenstoff überwindet den Abstand zwischen den Nervenenden und der Synapse, den sogenannten synaptischen Spalt, und eine elektrische Erregung ein Aktionspotential ensteht.

2.4 Zusammenfassung des Kapitels

Zusammenfassend kann festgestellt werden, dass am Hörprozess alle drei Teile des Ohres beteiligt sind. Das Aussenohr sammelt den Schall ein und leitet ihn weiter. Das Mittelohr verstärkt den Schall durch die gelenkig miteinander verbundenen Gehörknöchelchen. Das Innenohr wandelt daraufhin den mechanischen Schallreiz in einem dreistufigen Prozess in ein elektrischs Signal um, indem zunächst die Basilarmembran ein Wanderwelle erzeugt. Im Maximum der Amplitude der Welle werden dann die äußeren Haarzellen erregt. Diese verstärken mit aktiver Längenänderung die Amplitude der Wanderwelle, die dann im letzten Schritt die inneren Haarzellen erregt, welche durch Ausschüttung eines Botenstoffes, den Umwandlungsprozess durch Initiierung eines Aktionspotentials abschließen.

3 Der auditorische Kortex

3.1 Von der Hörbahn zum auditorischen Kortex

Um das Gehirn zu erreichen, muss der Schall die Hörbahn passieren. Der Aufbau der Hörbahn mit den daran beteiligten anatomischen Einheiten ist in Abbildung 3.1 dargestellt. Die Hörbahn beginnt in der Kochlea an den Sinneszellen des Innenohres, im sogenannten Ganglion spirale, in dem die ersten von fünf am Hörprozess beteiligten Nervenbahnen liegen.Diese bipolaren, also mit zwei Fortsätzen versehenen Zellen, reichen bis zu einer aus Nervenzellkörpern (Nuclei cochlearis) bestehende ersten Verschaltungsstation im erweiterten Rückenmark, dem als Medulla oblongata bekannten Teil des Stammhirns.

An diesem ersten Knotenpunkt verzweigen sich die Nervenbahnen . Eine geringere Anzahl der Nervenfasern zieht nach oben , der größere Teil bildet den Trapezkörper (Corpus trapezoideum), welcher unmittelbar unterhalb der Brücke (Pons) des Stammhirns lokalisiert ist und aus sich kreuzenden Nervenfasern gebildet wird. Innerhalb des Trapezkörpers befinden sich sogenannte Kerne, in denen ein Teil der ankommenden Nervenfasern verschaltet wird. Als bedeutender Kernkomplex ist hier der Olivenkern (Nuclei olivares) zu nennen, dessen oberer Teil (Nuclei olivares superior) bedeutend für das Richtungshören ist.

Auf der gegenüberliegenden Seite schließen sich die Nervenfasern zur sogenannten seitlichen Schleifenbahn zusammen, der Lemniscus lateralis. Als Schaltzentrale fungiert hier der Nuclei lemnisci lateralis. Ein Teil der verschalteten Fasern kreuzt wieder zur seitlichen Schleifenbahn zurück, der Lemniscus lateralis und zieht dann zusammen mit den noch nicht verschalteten Nervenfasern zur Vierhügelplatte um im unteren Hügelkomplex dem Colliculli inferiores, zu münden.Von dort kreuzen die Nervenfasern erneut in zwei Richtungen. Ein Teil zieht zum unteren Hügel der Gegenseite, der andere über den unteren Bindearm (Brachium colliculi inferioris) zum Corpus geniculatum mediale der Thalamusregion, ein weiteres Kerngebiet. Im Thalamus werden die Nervenfasern ein letztes Mal verschaltet, ehe sie als Hörstrahlung in der primären Hörrinde ankommen, welche zusammen mit der sekundären Hörrinde den auditorischen Kortex bildet.

3.2 Die primäre Hörrinde im auditorischen Kortex

Nachdem der Schallreiz die Hörbahn passiert hat, erreicht er den als primäre Hörrinde bezeichneten Teil des auditorischen Kortex. Zum besseren Verständnis des Aufbaus und der Funktion der Hörrinde werden an dieser Stelle kurz einige grundlegende Begriffe aus der Gehirnanatomie erklärt.

Das Gehirn, oder genauer die Oberfläche des Gehirns, der sogenannte Kortex, besteht aus unterschiedlichen Teilen, die ihn Lappen unterteilt sind. Je nach Lokalisation unterscheidet man Frontal/Stirnlappen, Schläfen/Temporallappen, Scheitel/Parietallappen und den Hinterhaupts/Okzipitallappen.

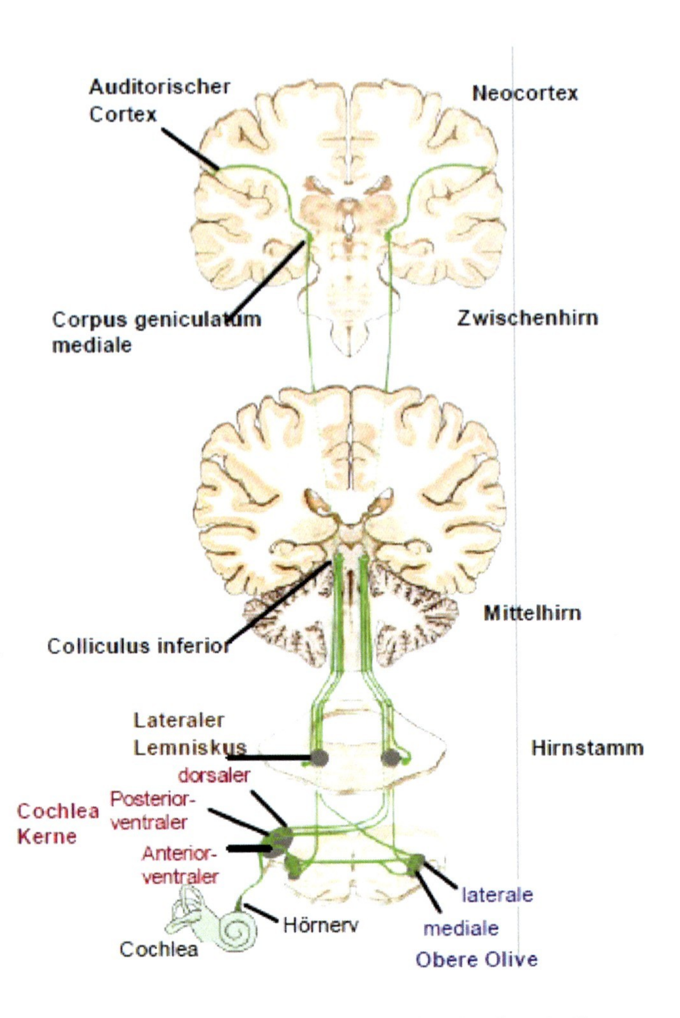

Abbildung 3.1: *Schematischer Aufbau der Hörbahn des Menschen. Quelle: http://www.uak.medizin.uni-tuebingen.de/depii/groups/elke_archiviert/lectures/audisys.pdf ,(Tübingen, abgerufen am: 28.11.2010 , 18:20 Uhr)*

Die Oberfläche des Gehirns wird als Großhirnrinde bzw. als Kortex bezeichnet. Der Kortex besteht aus unterschiedlichen Regionen, die man als Lappen bezeichnet und deren Namen auf ihre Lokalisation hinweisen: Frontallappen (Stirnlappen) Temporallappen (Schläfenlappen), Parietallappen (Scheitellappen) und Okzipitallappen (Hinterhauptslappen). Die Gehirnwindungen bezeichnet man als Gyri, die ihrerseits durch Furchen (Fissuren) und Gräben (Sulci) voneinander getrennt sind und so zur Oberflächenvergrößerung beitragen. Die primäre Hörrinde liegt im dorsalen und somit unteren Teil des Scheitellappens. Dieses Gebiet wird nach seinem Entdecker als Heschl-Querwindung beschrieben. Anders als im Scheitellappen normalerweise üblich, verlaufen die Gyri hier quer. Die Heschl-Querwindungen liegen am Schnittpunkt zweier Furchen, der Sylvanischen Furche, die den Scheitellappen vom Frontallappen abgrenzt und der Rolandschen Furche, die den motorischen Kortex vom sensorischen Kortex trennt.

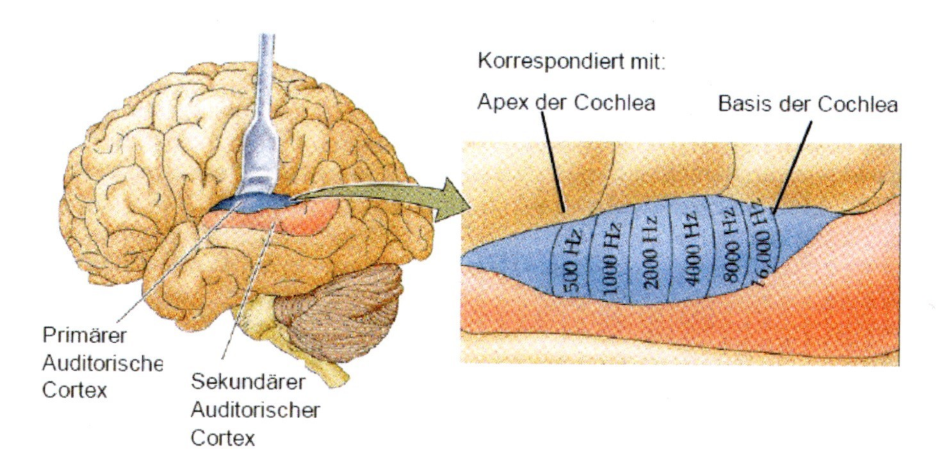

Abbildung 3.2: *Die Lage der primären Hörrinde. Bestimmte Abschnitte des blau dargestellten primären auditorischen Kortex, korrespondieren mit unterschiedlichen Frequenzen. Quelle: http : //www.uak.medizin.uni − tuebingen.de/depii/groups/elke_archiviert/lectures/audisys.pdf ,(Tübingen, abgerufen am: 28.11.2010 , 18:20 Uhr)*

Die Nervenfasern der Hörbahn enden direkt in den Heschl-Querwindungen und sind tonotopisch angeordnet, was bedeutet dass ähnlich wie in der Kochlea jede Frequenz einem ganz bestimmten Bereich zugeordnet ist. (Trepel, 2004) sieht die Hörbahn als "wichtigste Afferenz" und somit als bedeutendste Quelle akustischer Informationen im auditorischen

Kortex.

In der primären Hörrinde, die in der Area 41 nach Brodman lokalisisert ist, wird eine Art von akkustischer Spektralanalyse durchgeführt. Es werden lediglich einzelne Laute und Frequenzunterschiede registriert , jedoch keinerlei Informationen auf Wort oder gar Satzebene verarbeitet. (Trepel, 2004) nennt dies eine "interpretationsfreie Bewusstwerdung der auditorischen Impulse aus dem Innenohr".

Weitergehende Analysen auf Wort oder Satzebenen finden im direkt angrenzenden Teil, der sogenannten Sekundären Hörrinde statt, die Thema im nächsten Abschnitt sein wird.

3.3 Die sekundäre Hörrinde im auditorischen Kortex

In den Gehirnarealen nach Brodmann ist die sekundäre Hörrinde den Arealen 42 & 22 zuzuordnen und grenzt lateral an die primäre Hörrinde. In der sekundären Hörrinde werden komplexe Strukturen, wie Melodien, Geräusche und Worte erkannt. (Trepel, 2004) nennt diese Art von Verarbeitung "interpretativ". Obwohl die sekundäre Hörrinde bilateral und somit in beiden Hirnhälften vorhanden ist, scheint es für die Sprachverarbeitung von großer Wichtigkeit, welche der Hirnhälften involviert ist. (Trepel, 2004) Er unterscheidet zudem eine dominante von einer nicht-dominanten Hemisphäre und stellte fest, dass die Händigkeit bestimmt, welche Hirnhälfte dominant und sprachbezogen und welche nicht-dominant und musisch bezogen arbeitet. Linkshändern schreibt er eine sprachdominante rechte Hirnhälfte, Rechtshändern eine sprachdominante linke Hirnhälfte zu.

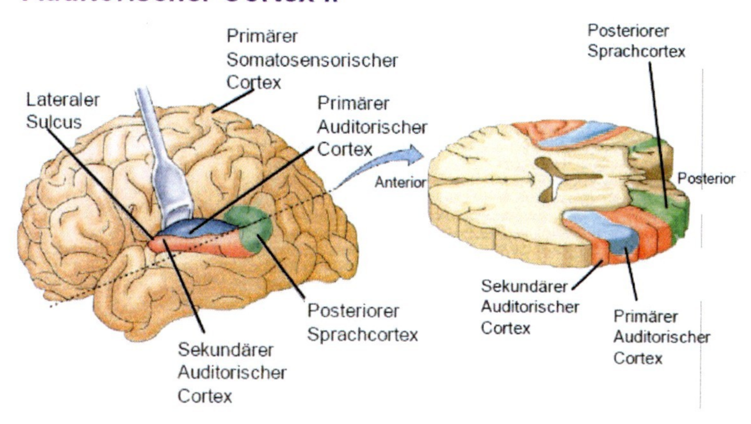

Abbildung 3.3: *Die auditorischen Gebiete. Der sekundäre auditorische Kortex is rot markiert. Quelle:*
http : //www.uak.medizin.uni − tuebingen.de/depii/groups/elke_archiviert/lectures/audisys.pdf ,(Tübingen, abgerufen am: 28.11.2010 , 18:20 Uhr)

4 Schäden am auditorischen Kortex: Die Wernicke-Aphasie

4.1 Charakteristika der Wernicke-Aphasie

Die sekundäre Hörrinde der jeweils sprachdominanten Hemisphäre wird auch als Wernicke Areal bezeichnet. Der Entdecker Carl Wernicke beschreibt diesen Bereich als das sensorische Sprachzentrum und einen vor allem für das Sprachverständnis wichtigen Teil der kortikalen Strukturen. In den nachfolgenden Abschnitten soll ein Einblick in die Wernicke-Aphasie gegeben werden, eine Sprechstörung, die mit Schädigungen in diesem Gebiet einhergeht und sich hauptsächlich in Störungen des Sprachverständnisses manifestiert.

Der Sprachfluss von Patienten mit Wernicke Aphasie ist durchaus flüssig. Der von Broca-Aphasikern bekannte Telegrammstil (Hick u. Hick, 2009), welcher bei Läsionen im motorischen Teil der Sprachproduktionen, dem sogenannten Brocazentrum auftritt, ist hier nicht anzutreffen. Die Sprechgeschwindigkeit scheint normal und Phrasen sind weitgehend zusammenhängend (Kerschensteiner u. a., 1972). Prosodische Merkmale der Sprache, wie Intonation, Sprachmelodie und Sprachrhythmus zeigen ebenfalls keine Auffälligkeiten.

Auffällig jedoch sind Paraphrasien auf Phonemebene. Phoneme werden hierbei entweder hinzugefügt, weggelassen, oder in der Reihenfolge vertauscht (Blumstein, 1973). Es entsteht ein sogenannter phonematischer Jargon, da Worte durch diese Paraphrasien für die Zuhörer meist nicht mehr als bekannte Worte wahrnehmbar sind. Weitere Symptome können Wortfindungsstörungen oder semantische Paraphrasien sein, bei denen eine Wort meist durch ein ähnliches Wort ersetzt wird.
Die semantischen Paraphrasien können unterschiedliche Ebenen der Verarbeitung beeinträchtigen. Zum typischen Krankheitsbild gehören Störungen in der Wortbildung wie beispielsweise bei der Bildung von Komposita oder Paraphrasien auf Lautebene. Probleme in der Satzstellung, sowie Satzabbrüche treten ebenfalls häufig auf, wie nachfolgende Beispiele zeigen:

1. ich glaube es kann **nur die Natur** kann das wieder rausholen.
2. das andere Problem ist nur der dass ich **meine eigene Kontrolle** reicht mir nicht.
3. also wenn Sie jetzt was gesagt hat... und ich habs nicht sofort richtig erfassen dann kann ichs auch meinetwegen **fünf Minuten später** weiss ichs immer noch nicht.

Bei näherer Betrachtung der drei Beispiele erkennt man, dass grammatikalische Merkmale wie Kasus, Numerus und Genus nicht immer stimmig sind; in Satz zwei wird dies durch den Teil "das andere Problem ist nur der" und in Satz drei durch die Kette "wenn Sie jetzt was gesagt hat" anstelle der richtig Form "gesagt haben" deutlich. Alle hier beschriebenen

Defizite bezeichnen eine Art von Paragrammatismus [1].

Bisherige Symptomatik trat bei Patienten vor allem in der sogenannten Spontansprache auf. Spontansprache steht in diesem Buch für alle verbale Kommunikation, die weder abgelesen noch in irgendeiner Form vorbereitet wurde. Neben Problemen in der verbalen Kommunikation, sind auch Probleme im Benennen von Objekten ein Teil des Krankheitsbildes bei Wernicke-Aphasikern. Meist wird von den Patienten anstelle des korrekten Wortes eine Umschreibung verwendet oder dessen Eigenschaft beschrieben, wie folgendes Beispiel aus (Huber u. a., 1975) zeigt:

- Beispielwort: Kühlschrank
    1. Kaltschrank
    2. Telefon wo man zumachen kann
    3. lauter nette Sachen drin...solche Beinchen drin

(1) ist dem gesuchten Begriff relativ ähnlich. "Kühl" wurde durch den semantisch ähnlichen Begriff "kalt" ersetzt. Äußerungen (2) und (3) zeigen einen Grad der Umschreibung, wobei das Wort "Schrank" durch den falschen Begriff "Telefon" ersetzt wurde.

Die Patienten scheinen diese Fehler selbst dann nicht korrigieren zu können, wenn ihnen Hilfen vorgegeben werden (Huber u. a., 1975). Neben der Spontansprache und dem Benennen von Objekten, ist hauptsächlich das Verstehen von Sprache gestört.

Während muttersprachliche Äußerungen von Äußerungen in einer Fremdsprache noch unterschieden werden können, zeigen sich im Satzverständnis und allgemeinen Textverständnis Defizite.(Boller u. Green, 1972) Des Weiteren kann meist eine übersteigerte Sprachproduktion, eine sogenannte Logorrhoe beobachtet werden, ein Zustand der den Aphasiker förmlich zwingt, eine Konversation dauerhaft voranzutreiben.
Der Lese- und Schreibprozess ist ebenfalls beeinträchtigt; das Schriftbild kann Fehler in Form einer Über- bzw. Unterproduktion von Buchstaben oder Buchstabenkombinationen aufweisen. Probleme im Schreibprozess werden von Patienten eher selber wahrgenommen als die Defizite im Verbalen (Hécaen u. Angelergues, 1965).

4.2 Formen der Wernicke-Aphasie

Dem Vorschlag von Huber et al. (1975) folgend, werden in diesem Buch zwei Kategorien der Wernicke-Aphasie unterschieden. Sie beziehen sich auf die Arten der Paraphrasien, die in phonematische und semantische unterteilt werden.

Innerhalb jeder Kategorie wird der Grad des Informationszusammenhangs durch die Einteilung in Jargons weiter spezifiziert. Jargon bezeichnet hier einen Zustand, der keine zusammenhängende Information mehr erkennen lässt.Im Folgenden wird für jede Kategorie ein Beispiel aufgeführt.

[1] Paragrammatismus beschreibt nach (Kleist, 1934), eine falsche Wortstellung oder Wortauswahl. Grammtikalische Strukturen, wie Artikel oder Pronomina, sind meist ebenfalls falsch gewählt. Der Satzbau ist gut erhalten.

Wernicke-Aphasie mit semantischen Paraphrasien:

U.: Sie waren doch Polizist, haben Sie mal einen festgenommen?
P.: Na ja. das ist so. wenn Sie einen treffen draußen abends. das ist ja. und der Mann. wird jetz versucht. als wenn er irgendwas festgestellen hat ungefähr. ehe sich macht ich. ich kann aber noch nicht amtlich. jetz muss er sein Beweis nachweisen. den hat er nicht. also ist er fest. und wird erst sichergestellt festgemacht. der wird erst festgestellt werden und dann wird festegestellt was sich dort vorgetragen hat. nicht. erst dann. ist ein Beweis mit seinem Papier dass er nachweisen kann. ich kann ihm aber nicht nachweisen. wird aber blos festgestellt vorläufig. aber kann laufen.

U.: Vorerst kann er nochmal gehen?
P.: Kann er weider ja ja. es sei denn dass es um eine. angeführt. um eine direkte Frache Sache. wird er festgenommen. und dort wird er unterstellt und die Sache wird ausgearbeitet.

U.: Haben Sie denn schon mal einen geschnappt, der dann direkt eingelocht wurde?
P.: Schon sehr oft. ja. sind da rein gekommen ja. so direk ja nicht mehr meistenteils sinds abends. wenn se versuchten irgendwo einzubringen. entweder ein waren ein besuchten waren festzunehmen. nicht. oder sie sprichen sonst etwas mit sie wollen was machen... na ja. was sw was sich so eben was ergibt..einfache Sachen sind kleine Sacher er hat was gestohlen was mitgenommen. nich. immer wenn er glaubt er ist jetz frei wieder. ist er festgenommen. jetz wird er aufgenommen. jetz wird er versucht. geschrieben. und wenn es. wenn er steht dass es sich um eine leichtere Sache steht. wird es bloß aufgenommen dass er ein. Beweis ein Nacht hat. das wird festgestellt. und dann kann er wieder gehen. das wird erst dann später festgestellt. und die Arbeit kommt dann nach. dann läuft es eben. er hat das und das getan wird festgelegt. und das Gericht. macht die Bearbeiten. ja nach groß nach kleine Sachen. sinds größere Sachen. dann werden oben Gerichtsverhandlungen. da Fahndenrechnungen vertragen.

U.: Haben Sie schon mal einen größeren Ganoven erwischt?
P.: Verbrecher haben wir zweie ja. der fate bewiesen. gleicher gewiesen. der kam erst von der Weite schlieb er noch das weg. und wie haben ihn gleich mitgenommen. sagt der hat nischt. aber hier ist der Beweis. das haben wir gefunden. nich. und nu wird es fast bearbeitet. der musste aufm Gericht. festgenommen wer weil es sich um um um eine. Verbrecher gehalten.

Wernicke-Aphasie mit semantischem Jargon:

Aufgabe: eine abgebildete Kneifzange zu benennen:
kann man halt zurechtlegen irgendwie wie man will.. irgendwie drehen...Sie meinen doch..wenn da ein Steck dran ist...halt halt die Uhr kann man da vielleicht abmachen..könnte man auch..weiß nicht was da noch dabei dran...muß abschalten..nich...kann es aber auch so machen und irgendwie als was anderes dazu..vielleicht irgendwie was anbringen muß..irgendwie vielleicht was Innenverbindung..und dann wieder dick festmachen oder so was.

Wernicke-Aphasie mit phonematischen Paraphrasien

U.: Können Sie mich eigentlich gut verstehen?
P.: ich brauch unbedingt die Helfen des Seren...ah...das mir die Möglichkeit gibt der In-

tolationen zu verarbeitnen und anzuweitnen...die ich ohne...z.B. mit geschlognen Augnen gar nicht mehr benutzen könnte. Da wird also das gleich..das gleich..äh...exkult...wird verschiedn.

U.: Und wie meinen Sie dass es mit'm Sprechen geht..Ihrer Meinung nach..
P.: Ja...ja...ich habe also...zunächst mal..eh...dass wir das in der Konstellation..sehr gut glaub ich...äh das besser gemacht da... und uns besser versteht in allem eigentlich... mehr oder minder..äh...uns da verstehn...äh uns da verstehn...und das ist eine Verschung. dann natürlich habe ich versugt...äh...einzelne Hörtener klarener zu sagen als vorher...und...äh...dass ich wahrscheinlich ganze Sübener aut auch jetz schnellpich...von mir...nachabzu...ab.ab..abarbeiten ...verstehen Sie?

U.: Ja
P.: Und und immer mehr dazu dazu sagen kann die ich dann richtiger sagen kann...mit etwas...äh...Korrektation...mehr oder mener...aber nicht so völlig...weg da von...sondern zum Besseren zum Normalen...es mehr...Und dann die Haupteilen Schwichtern sind glaub ich jetz bei mir darin dass ich z.B...äh...nächsensens...also nächsens...ja...sachsen..sachsen..sachsen ..sachsens...und zwar in...äh...in Verbindung mit...äh...Küchtogunsens..ja.

Wernicke-Aphasie mit phonematischen Jargon:

U.: Wie geht es Ihnen denn jetzt...erzählen Sie mal!
P.: wohn awó..woasó..oh wattawand oh auwe

U.: Ja...mhm
P.: weh sawó kewóh...wann un perrel...un onee...akóhn anque

U.: mhm..ja
P.: en sat oh an er anpo einfach laut am Kauen wann ung...lett au letr oh metr

U.: Ja und seit wann ist das denn so ?
P.: sohn parr oh perrop...a nott parr u parr...unwátr...wantú wantú...manto quom wann...empár ontódr und andere

U.: Ja jetzt erzählen Sie doch mal...wie hat das denn angefangen?
:P. : (stöhnt)...wann uhsét quetr laut quoque laut laute asr l asr weltr watthémm watthémm esen apúr aprá laón wa-ún werntr

U.: mhm
P.: wann u-färr und wao mmm auwo...einst wandte sich meine Gesundheit....alles gesagt.

4.2.1 Semantische Paraphrasien in der Wernicke-Aphasie

Semantische Paraphrasien sind vor allem in der Spontansprache ein häufiges Symptom der Wernicke-Aphasie. Worte werden anscheinenend willkürlich kombiniert und Objekte fehlerhaft benannt. Huber et al. (1975) unterscheiden zwei Formen, die ausdrücken, in welcher Beziehung die Umschreibungen zum eigentlichen Zielwort stehen.

1. Paraphrasierungen mit semantisch-klassifikatorischer Beziehung

- Mantel → Anzug
- Stuhl → Tisch

1. Paraphrasierungen mit situativ-referentieller Beziehung
   - Kamm → Haar
   - Tisch → Messer
   - Blumen → Besuch
   - Telefon → hier meine Alwine

Die aufgezeigten Unterschiede können nach Huber et al.(1975) als Fehler in der Organisation des "mentalen Lexikons" zu verstehen sein, dem Ort in dem die Bedeutungen der Wörter gespeichert und verarbeitet werden. Diese Bedeutungen werden in Kategorien, sogenannten semantischen Klassen, unterteilt.

Neben der Einordnung der bloßen Wortbedeutung spielt auch die Beziehung der Worte untereinander eine Rolle. Die situativ-referenziellen Beziehungen aus obigem Beispiel, stellen eine Art von "Wenn-Dann" Fall dar, welcher das Wort "Blumen" mit dem logischen situativ-passenden Wort "Besuch" vertauscht.

Huber et al. (1975) sehen die semantischen Paraphrasien der Wernicke-Aphasie in einer "mangelhaften Differenzierung von lexikalischen Begriffsfeldern" begründet. Während bei der Vertauschung von "Blumen" und "Besuch" noch ein situativer Kontext zu erkennen ist, das Ereignis des Besuchs ist mit Blumen kombinierbar, scheint dies bei dem Beispiel von "Tisch" und 'Stuhl" aus der Liste für semantisch-klassifikatorische Paraphrasien nicht der Fall. Viel mehr bedeutet semantisch-klassifaktorisch, dass die Beziehung der Objekte darin besteht, dass sie der gleichen Klasse von Objekten angehören. Auf dieses Beispiel bezogen sind beide den Möbelstücken zuzuordnen. Statt Klasse verwenden Huber et al. (1975) den Begriff "semantisches Feld".

4.2.2 Paragrammatismus

Neben den semantischen Paraphrasien, ist der Paragrammatismus ein typisches Merkmal der Wernicke-Aphasie. Paragrammatismus beschreibt nach (Kleist, 1934), eine falsche Wortstellung oder Wortauswahl. Grammtikalische Strukturen, wie Artikel oder Pronomina, sind meist ebenfalls falsch gewählt. In der Broca-Aphasie gibt es ebenfalls grammatikalische Störungen.

Kleist fasst diese Störungen in dem Begriff des Agrammatismus zusammen. Der Unterschied zwischen dem Agrammatismus der Broca-Aphasie und dem Paragrammatismus der Wernicke-Aphasie liegt darin begründet, dass im Agrammatismus der Satzbau gestört ist und ein abgehackter sogenannter Telgrammstil entsteht. Der Satzbau im Paragrammatismus bleibt jedoch weitgehend intakt.

Abbildung 4.1 zeigt den für Paragrammatismus typischen syntaktischen Aufbau. Die Satzstruktur kann in eine Oberflächen und eine Basisstruktur gegliedert werden. Die Oberflächenstruktur beschreibt die syntaktischen Formen und kann durch die sogenannte Basiss-

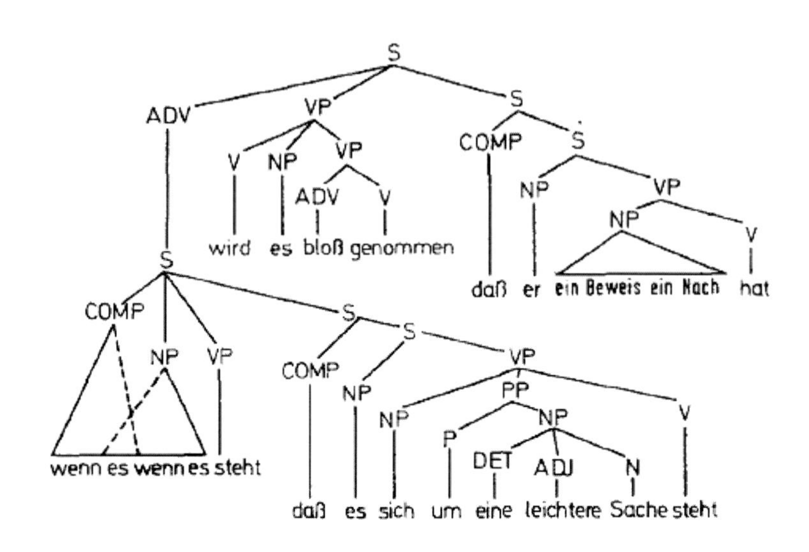

Abbildung 4.1: *Konstituentenstruktur eines paragrammatischen Satzes. V steht für Verb, NP bezeichnet eine Nominalphrase, DET den Artikel, P beschreibt ein Präposition, ADV ein Adverb, ADJ ein Adjektiv und COMP steht für eine Konjunktion. Quelle: (Huber u. a., 1975, S.90)*

truktur, einer Ebene, die die Beziehungen der Konstituenten[2] angibt, abgeleitet werden. Die Basisstruktur in 4.1, entspricht einer Konditionalkonstruktion, einem "wenn"- "dann" Fall. Durch die Position der eingebetteten "dass" Konstrukte, kann auf den mutmaßlichen Zielsatz geschlossen werden:

"Wenn es feststeht, dass es sich um eine leichtere Sache handelt, wird bloß aufgenommen, dass er einen Ausweis hat."

Die syntaktische Grundstruktur scheint erhalten. Der ungrammatische Charakter des Satzes gründet auf der falschen Benutzung auf funktionaler Ebene. Das Verb "nehmen" ist nicht in der Lage, einen "dass" Satz mit Objektfunktion als Argument aufzunehmen. Ähnliches gilt für das Verb "stehen" für den "dass" Satz welcher eine Subjektfunktion innehat.

4.3 Modelle zur Wernicke-Aphasie

Seit der Entdeckung der Wernicke-Aphasie, gab es unterschiedliche Ansätze die komplexen Zusammenhänge der Erkrankung zu erklären. Nachfolgend werden einige Modelle aufgezeigt.

4.3.1 Wernickes Aphasiemodell (1874)

Wernicke führte in seinem eigenen Aphasiemodell aus dem Jahre 1874 die Symptomatik der Erkrankung auf Läsionen innerhalb des ersten Temporalgyrus zurück (Wernicke, 1874a). Aus seiner Sicht verloren die Laute und Silben ihre klangliche Repräsentation, so dass keine sensorische Verbindung mehr zwischen dem Klang und der Semantik besteht. Dieser Verlust der "Klangbilder" ist laut Wernicke der Grund für die aufgetretenen Paraphrasien. Dieses Modell konnte allgemeine Defizite im Bereich der Sprachproduktion und Sprachperzeption erklären, während spezifischere Probleme, wie Störungen der Grammatik oder die Benutzung der Paraphrasien dadurch nicht erklärt wurden.

4.3.2 Pick's Aphasiemodell (1931)

Picks Theorie aus dem Jahre 1931 (Pick, 1931) beschreibt ein Gedankenmodell, welches von einem Satzschemata als Grundlage ausgeht. In dieses Satzkonstrukt sind lexikalische Konstituenten eingebettet und grammatikalisch aufeinander abgestimmt, so dass Numerus, Kasus und Genus jeweils passend gewählt werden. Das Modell berücksichtigt eventuelle Läsionen bestimmter Gebiete nicht. Semantische Paraphrasien werden nicht als Störungen in der Semantik aufgefasst, sondern als als fehlerhaftes Abrufen der für das Sprechen notwendigen Informationen. Anders als in Wernickes Modell, ist das Erfassen der grammatischen Störungen ein zentraler Bestandteil der Theorie Picks.

Pick führt die Störungen der Wernicke-Aphasie auf Wortfindungsstörungen oder fehlerhafte "Grammatisierung" zurück. Phonematische Paraphrasien bestehen in der fehlerhaften Handhabung der Lautfolgen in einem Wortgefüge. Die Störungen im Sprachverständnis werden in einem Stufenmodell erklärt, welches von der einfachen akustischen Analyse von Lauten bis zu Verarbeitungsschritten auf Wort - und Satzebene reicht.

[2] Ein anderes Wort für Konstituent ist Satzglied. Dies beschreibt einen oder mehrere bedeutungstragende Teile eines Satzes.

Im Gegensatz zu Wernicke selber führte Pick die Wernicke-Aphasie nicht auf eine Störung zurück, die z.B. zum Verlust der Klangbilder führte. Pick und auch (Head, 1926) und (Goldstein, 1948) sehen die Aphasie als sprachliche Funktionsstörung an. Kleist (1934) sah ähnlich wie Wernicke die Läsionen als Ursache der Erkrankung an und beide betrachteten diese Art der Aphasie als eine auditive Störung.

4.3.3 Weitere Aphasiemodelle

Das Modell von Head aus dem Jahre 1926 beschreibt weder phonematische noch semantische Paraphrasien. Streng genommen handelt es sich um kein ausgereiftes Modell, sondern um eine Kategorisierung von Symptomen. Head sieht die Symptomatik als syntaktische Störung an und spricht von einer "syntaktischen Aphasie" (Head, 1926), bei der Defizite in der "Betonung, dem Rhythmus und den Faktoren liegen, welche isolierte Wörter zu kohärenten Ausdrücken der Ideen des Sprechers zusammenfügen".

Das Modell Goldsteins (1948) sieht die Hauptsymptomatik der Wernicke-Aphasie in den Paraphrasien und den Störungen der Perzeption begründet. Nach Goldstein basieren Paraphrasien auf einer Entdifferenzierung des Wortbegriffes. Der Terminus "Wortbegriff" " bezeichnet hier alle motorischen , sensorischen und bedeutungstragenden Teile eines Wortes. Die Parpaphrasien sind das Resultat aus dem Verlust einer dieser Eigenschaften. Semantische Paraphrasien gründen nach diesem Modell auf Läsionen, die ausser dem Wernicke-Areal auch die parietal-temporale Gebiete umfassen.

Die charakteristischen Störungen in der Perzeption bestehen nach diesem Modell nicht in der reinen Wahrnehmung von Lauten, sondern in der Zuordnung der semantischen Bedeutung.
(Luria, 1970) geht mit seiner These wieder auf die klassische Annahme Wernickes zurück und sieht die Wernicke-Aphasie als auditive Störung an. Störungen in der Phonologie seien "Störungen in der Analyse und Synthese von Sprachlaute" und Defizite in der Semantik manifestieren sich in einer "Entfremdung des Wortsinnes" sowie einer Störung "im Wortgedächtnis" . Ähnlich wie Pick sieht Luria vor allem den Abruf bzw. die Auswahl von notwendigen Informationen gestört, sei es nun auf Phonem [3]- , Morphem [4] oder Wortebene.

Weitere Erkenntnisse im Bezug auf das Wernickezentrum und dessen Funktion sind im nachfolgenden Kapitel über das Dual-Stream Modell nachzulesen.

[3] Der Begriff "Phonem" steht in diesem Buch für die kleinste bedeutungstragende Einheit auf Lautebene
[4] Der Begriff "Morphem" steht in diesem Buch für eine bedeutungstragende Einheit auf Wortebene

5 Sprachverarbeitung im Gehirn: Das Dual-Stream Modell (Hickok u. Poeppel, 2007)

Hickok & Poeppel postulieren in ihrem Werk "The Cortical Organization Of Speech Processing" welches im Jahre 2007 veröffentlicht wurde, ein Sprachmodell, dass den motorisch-produktiven als auch den sensorisch-perzeptiven Teil der Sprachverarbeitung gleichermaßen abdeckt. Im Folgenden soll ein Einblick in ihr Sprachmodell gegeben, als auch die Rolle des auditorischen Kortex innerhalb dieser Hypothese betrachtet werden.

Das Dual-Stream Model, ein zwei-Wege System welches einen Strom für die Sprachproduktion und einen für die Perzeption bereitstellt, ist keine vollkommen neue These, sondern baut auf Wernicke's Arbeiten aus dem 19. Jahrhundert auf. Ähnlich der auditorischen 'what' Stream Hyptothese (Rauschecker, 1998), schlägt dieses Model einen ventralen Strom vor, der in den oberen und mittleren Teilen des Temporallappens lokalisiert und für die Spracherkennung verantwortlich ist. Der dorsale Strom, welcher den hinteren Frontallappen, den hinteren dorsal gelegenen Teil des Temporallappens und das parietale Rindengebiet umfasst, übersetzt akkustische Sprachsignale in artikulatorische Repräsentationen im Frontallappen, was für die Sprachentwicklung und Sprachproduktion benötigt wird. Die Abbildung 5.1 veranschaulicht dies grafisch.

a) Der Sprachverarbeitungsprozess beginnt mit einer spektrotemporalen Analyse im auditorischen Kortex auf beiden Hemisphären. Phonologische Prozesse umfassen die mittleren bis hinteren Teile des STS bilateral, wobei ein leichter Hang zur Linkseitigkeit erkennbar ist. Im Folgenden teilt sich das System in zwei Ströme ab.

Der dorsale Strom , bildet sensorische bzw. phonologische Repräsentationen auf motorisch-artikulatorische ab und ist strikt-links dominant.Dies könnte erklären, weshalb Läsionen innerhalb der dorsalen Gebiete des Temporallappens und der Areale im Frontallappens zu Problemen in der Sprachproduktion führen.

Die hinteren Gebiete des dorsalen Stroms stehen mit Gebieten der Sylvanischen Furche in Verbindung , die direkt an die Schnittstelle zwischen dem Scheittellappen und dem Temporallappen grenzt.
Diese sogenannte Area Spt scheint eine Art von sensomotorischen Interface zu sein. Vordere Gebiete im Frontallappen stehen in Verbindung zu Gebieten des artikulatorischen Netzwerks, wie [1]aITS, [2]aMTG, [3]pIFG, [4]PM.

[1]aITS entspricht ausgeschrieben dem anterior inferior temporal sulcus, und somit dem vorderen oberen Teil der Temporalfurche.

[2]aMTG entspricht ausgeschrieben dem anterior middle temporal gyrus und somit dem vorderen mittleren Temporalgyrus.

[3]pIFG entspricht ausgeschrieben dem posterior inferior frontal gyrus und somit dem hinteren oberen Teil des Frontalgyrus.

[4]PM entspricht ausgeschrieben dem premotor cortex und somit dem Prämotorischen Kortex

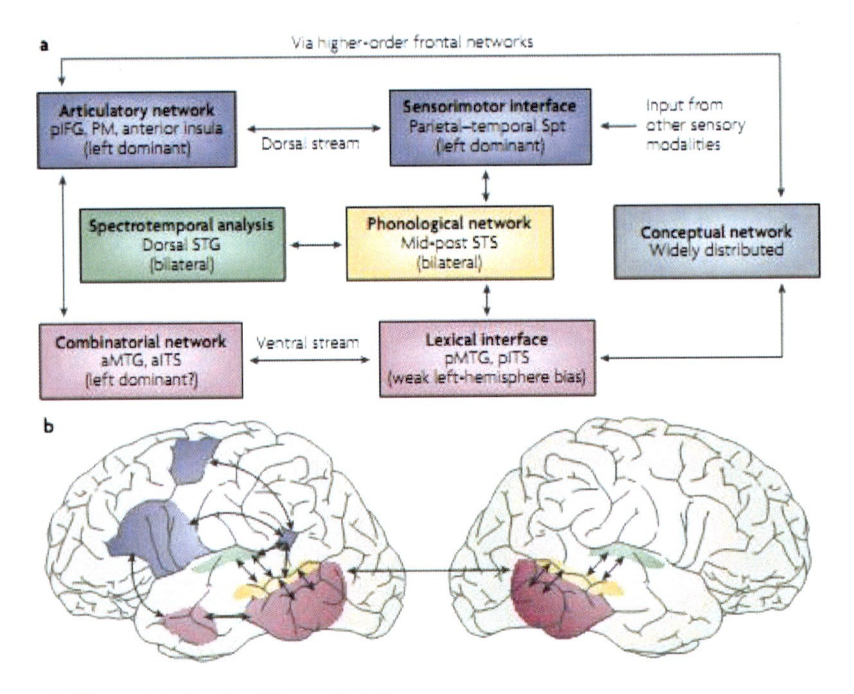

Abbildung 5.1: *Das Dual Stream-Modell*
Quelle: (Hickok u. Poeppel, 2007)

Während in vorherigen Thesen, dem dorsalen Strom eine Verbindung zum sensomotorischen System zugewiesen wurde, das erste Konzept diesbezüglich umfasste einen sogenannten räumlichen "where'- Strom (Ungerleider u. Mishkin, 1982), hat der dorsale Strom nach heutiger Ansicht eine allgemeinere Funktion innerhalb des visuomotorischen Systems (Andersen, 1997, Milner u. Goodale, 1995, Rizzolatti u. a., 1997).

Desweitern weisen Hickok & Poeppel dem dorsalen Strom eine größere Verbindung zur Sprachwahrnehmung zu, während der ventrale Strom mit der Spracherkennung belegt wird. Im Kontrast zur Ansicht, dass Sprachverarbeitung weitgehend der linken Hemisphäre zuzzuordnen sei, ist der ventrale Strom in disem Modell beidseitig angeordnet, wenn auch mit Unterschieden in der Verarbeitung innerhalb der Hemisphären.

Die Hauptaufgabe des ventralen Stromes ist die Abbildung von sensorische bzw. phonologische Repräsentationen auf lexikalische Konzepte ab. Trotz der bilateralen Anordnung des ventralen Stroms, wird eine leichte Neigung zur linken Seite angenommen.

b) Der dorsalen Teil des STG, spielt in der spektrotemporalen Analyse eine Rolle. Hintere Gebiete des angrenzenden STS sind in der phonologischen Verarbeitung involviert.

Hintere Gebiete des ventralen Stromes, namentlich die hinteren mittleren und die oberen Teile des Temporallappens stehen mit dem lexikalischen Interface in Verbindung. Dieses lexikalische Schnittstelle verbindet die phonolgischen mit semantischen Informationen. Die weiter vorne gelegenen Gebiete hingegen korrespondieren mit dem kombinatorischen Netzwerk.

Die Notwendigkeit eines erweiterten Sprachmodells ist geschichtlich begründet. Wernicke stellte, dass Läsionen im linken STG zu Problemen im Sprachverständnis führen (Wernicke, 1874b).Im Laufe der Zeit, traten jedoch einige Paradoxien auf, die nicht gelöst werden konnten. Der Einsatz von bildgebenden Verfahren in den siebziger und achziger Jahren des 20. Jahrhunderts zeigten, dass Schädigungen am linken STG zu keinen Störungen in der Sprachwahrnehmung sondern zu Problemen in der Sprachproduktion führten (Basso u. a., 1977, Blumstein u. a., 1977a,b, Hickok u. Poeppel, 2000a, 2004, Miceli u. a., 1980). Auch (Blumstein u. a., 1977a,b, Caplan u. a., 1995) die Tests an der Identifizierung und Unterscheidung von Silben vornahmen, und daraufhin frontoparietale Gebiete als den Mittelpunkt der Sprachwahrnehmung ansahen, konnten widerlegt werden, da die Probanden zwar Schwierigkeiten in der Silbenunterscheidung jedoch nicht im Wortverständnis hatten. Das Dual-Stream Modell sollte diese Ungereimtheiten erklären.
Im Allgemeinen werden zwei Gründe für die Defizite in der Sprachwahrnehmung wie sie in der Wernicke Aphasie vorliegen, aufgeführt. Ein Grund könnte eine reine Störung in der semantischen Verarbeitung sein (Gainotti u. a., 1982).
Eine andere These sieht das fehlerhafte Abbilden von phonologischen Repräsentationen auf semantische als ursprünglich, für die Symptomatik der Wernicke Aphasie (Baker u. a., 1981).

Störungen in der Silbenunterscheidung welche, nicht mit einer Läsion des Temporallappens einhergehen, werden Defizite in der Aufmerksamkeit und des phonologischen Arbeitsspeichers zugeschrieben. (Gainotti u. a., 1982, Blumstein u. a., 1977a)

Aufnahmen der Scheitellappen von Primaten, zeigten Zellen, die nicht nur perzeptionsori-

entiert, sondern auch aktionsorientiert sind. Wird einem Primaten ein Objekt präsentiert, greift er auch nach dessen Entfernung, in korrekter Art und Weise nach dem Selbigen (Murata u. a., 1996, Rizzolatti u. a., 1997). Die visuomotorischen Bereiche sind rings um die motorischen Effektoren angeordnet und zeigen eine Verbindung zu den Arealen im Stirnlappen, welche für die Kontrolle der Motorik verantwortlich sind (Rizzolatti u. a., 1997, Colby u. Goldberg, 1999)
Beim Menschen sind die bewusste Wahrnehmung visueller Informationen, eine Funktion wie sie der ventralen Strom bereitstellt und die Fähigkeit des dorsalen Storms Aktionen anhand dieser Daten auszuführen, getrennt zu betrachten. Patienten mit optischer Ataxie können beispielsweise visuelle Stimuli orten, jedoch ist die Fähigkeit des Greifens beeinträchtigt. Läsionen im Scheittellappen sind meist mit diesen Defiziten verbunden.(Perenin u. Vighetto, 1988). Umgekehrt verhält es sich bei Patienten mit visueller Agnosia. Hier sind die Patienten nicht in der Lage visuelle Stimuli zu orten, jedoch zeigt sich keine Minderung innerhalb der Fähigkeit des Greifens nach visuell präsentierter Objekte (Milner u. a., 1991).

Im nächsten Abschnitt wird auf die Stufen des Sprachprozesses und die Definitionen, die das Dual-Stream Modell benutzt, eingegangen.

5.1 Definitionen

Auf dem Weg von einem Laut bis hin zu dessen Bedeutung , müssen verschiedene Schritte durchlaufen werden. Am Anfang dieser Prozesse, stehen kleinste Einheiten der Sprache , die akkustich Interpretierbar sind. Diese Grundeinheiten, stellen die Merkmale der Laute aller Sprachen dar und schaffen eine Verbindung zwischen der Produktions und der Perzeption von Sprache (Okada u. Hickok, 2003, Hickok, 2001, Dijkerman u. de Haan, Perenin u. Vighetto, 1988).

Als Grundbausteine der Wortbildung sind diese sogenannten Phoneme, in Silben gruppiert ein fester Bestandteil jeder Sprache, lediglich in der Silbenstruktur variierend (Darwin, 1984).

Die Silbenstruktur, meist in einer Codierung von Konsonanten-Vokalfolgen vorliegend, scheinen der Ausgangspunkt des Parseprozesses von Sprache zu sein (Diehl u. Kluender, 1989).

Diese akkustischen, segmentalen und syllabischen Strukturen bilden das Gerüst für die der lexikalischen Verarbeitung vorhergehende Analyse auf phonologischer Ebene. (Liberman u. Mattingly, 1989, Price u. a., 2005)

Die nächste Stufe beschäftigt sich mit den kleinsten bedeutungstragenden Einheiten, den Morphemen, Segmente welche für die Wortfindung essentiell zu sein scheinen (Whalen, 2006). Prozesse wie die Verarbeitung kompositioneller semantischer oder syntaktischer Information sind zusätzliche Stufen auf dem Weg vom Laut zur Bedeutung. All diese Schritte sind notwendig um letzendlich Zugang zum mentalen Lexikon zu erhalten.

Die Definition von Sprachwahrnehmung und Spracherkennung sind in diesen Abschnitten nicht zwangsweise identisch. Sprachwahrnehmung bedeutet hier jede Aufgabe mit sublexikalen Bezug, wobei Spracherkennung die berechenbaren Transformationen der Signale in

Repräsentation darstellt, die Zugang zum mentalen Lexikon erhalten.

Laut Hickok & Poeppel, benötigt der Wahrnehmungsprozess keinen Zugang zum mentalen Lexikon, lediglich Prozesse, die es dem Hörer erlauben, sublexikale Informationen zu verarbeiten, benötigen einen Zugang zum mentalen Lexikon.

5.2 Parallele Verarbeitung, bilaterale Lokalisierung

Bisherige Sprachmodelle [5] gingen meist von einer seriellen Verarbeitung aus.
In dieser Annahme folgen alle Schritte von der akkustischen, über die phonetische bis hin zur lexikalischen Prozessierung, aufeinander. Obwohl die Aktivierung der Repräsentationen innerhalb der Schritte parallel erfolgen kann, gibt es nur eine Richtung der Verarbeitung auf dem Weg zur Bedeutungsfindung. In dem hier vorgestellten Model von Hickok & Poeppel erfolgt die Verarbeitung parallel und mehrpfadig. DesvWeiteren ist das System wie bereits angedeutet, bilateral angelegt.

Die parallele Verarbeitungsweise könnte redundante spektrale und zeitliche Informationen aus den Sprachsignalen nutzen, um mindere Qualitäten im Sprachsignal zu kompensieren. (Shannon u. a., 1995, Remez u. a., 1981, Saberi u. Perrott, 1999, Drullman u. a., 1994a,b). Menschen mit unilateraler Schädigung, split-brain Patienten deren Balken durchtrennt wurde, als auch Ergebnisse aus WADA-Tests untermauern zudem die Möglichkeit der Parallelisierung. (Zaidel, 1985, McGlone, 1984) Worttaubheit, ein Symptom welches bei bilateralen Schäden im oberen Temporallappen auftritt, ist ein weiteres Indiz für die vorgeschlagene Verarbeitungsweise.

Ergebnisse aus bildgebenden Verfahren stützen zudem die These der bilateralen Lokalisierung bei der Spracherkennung. Der STG wird während des Hörvorgangs beidseitig aktiviert. Genau gesprochen, reagiert der dorsale Teil des STG und der obere Teil der STS.
Bezugnehmend auf Hickok & Poeppel reagieren selbst nach der Substraktion aller nichtsprachlicher Kontrollfunktionen die Regionen des STS bilateral, wenn auch die Intensität der Reaktionen sich je nach Hemisphäre unterscheidet.
Bei Betrachten der Tabelle wird ersichtlich, dass einige wenige Studien Reaktionen auf der linken Hemisphäre, als auch Reaktionen auf nichtsprachliche Stimuli aufweisen. Laut Hickok & Poeppel ist dies kein Indiz gegen eine bilaterale Anordnung der Strukturen des Spracherkennungsprozesses. Vielmehr stehen diese Ergebnisse nach der Meinung der Autoren, dafür, dass eine Gebiet mehrere Funktionen abdecken kann. Als Beispiel wird der Vokaltrakt genannt, der neben seiner Hauptfunktion der Sprachgenerierung, auch eine Rolle im Verdauungsprozess spielt.

Eine weitere These besteht in der Annahme, dass akkustische Information in der linken Hemisphäre kategorischer verarbeitet wird, als in der rechten Hemisphäre. Dies könnte nicht nur Asymmetrien in den Reaktionen bei Spracherkennungsstudien erklären, sondern zudem auch durch Läsionsdaten belegt werden und zeigen, dass die weniger kategorische Verarbeitung in der rechten Hemisphäre ausreichend ist, um Zugang zum mentalen Lexikon zu erhalten.

[5] Die Sprachmodelle beziehen sich hier auf das TRACE (McClelland u. Elman, 1986), das Cohort (Marslen-Wilson, 1987) und Neighbourhood Activation-Model (Luce u. Pisoni, 1998).

Speech stimuli	Control stimuli	Task	Coordinates			Coordinate space	Hemisphere	Ref.
			x	y	z			
CVCs	Sinewave analogues	Oddball detection	−60	−16	−8	Talairach	L	31
			−64	−36	0	Talairach	L	
			−64	−44	12	Talairach	L	
			56	−28	−4	Talairach	R	
			52	−20	−16	Talairach	R	
			52	−16	0	Talairach	R	
CVs	Tones	Target detection	−64	−12	−8	MNI	L	102
			−56	−16	−12	MNI	L	
			−60	−24	8	MNI	L	
			44	−24	8	MNI	R	
			52	−28	8	MNI	R	
CVs	Tones + noise	Passive listening	−64	−20	0	MNI	L	
			−64	−32	4	MNI	L	
			−64	−28	8	MNI	L	
			56	−12	−8	MNI	R	
			52	−20	−8	MNI	R	
CVs	Noise	Passive listening	56	−8	−4	MNI	R	
			64	−20	0	MNI	R	
			60	−24	−8	MNI	R	
			−64	−16	0	MNI	L	
			−68	−28	−4	MNI	L	
			−64	−36	4	MNI	L	
			−44	−28	12	MNI	L	
			−64	−28	8	MNI	L	
CVs	Sinewave analogues	AX discrimination	−56	−22	3	Talairach	L	103
			−51	−14	−4	Talairach	L	
			54	−46	9	Talairach	R	
			52	−25	2	Talairach	R	
			62	1	−12	Talairach	R	
Sinewave CVs perceived as speech	Sinewave CVs perceived as non-speech	Oddball detection	−56	−40	0	Talairach	L	101
			−60	−24	4	Talairach	L	
Synthesized CV continuum	Spectrally rotated synthesized CVs	ABX discrimination	−60	−8	−3	Talairach	L	26
			−56	−31	3	Talairach	L	
CVs	Noise	Detect repeating sounds	−59	−27	−2	MNI	L	104
			−63	−16	−6	MNI	L	
			59	−4	−10	MNI	R	
Sinewave CVCs	Sinewave non-speech analogues + chord progressions	Passive listening	64	−12	−16	MNI	R	100
			−64	−32	−8	MNI	L	

Abbildung 5.2: *Übersicht der Reaktionen in unterschiedlichen Studien. Die Buchstaben "L" bzw. "R" bezeichnen die jeweilige Hemisphäre in der die Reaktion lokalisiert war. "ABX discrimination" prüft ob der dritte Stimulus mit den Reizen eins oder zwei äquivalent ist.*
CVX bezichnet die Silbenstruktur. MNI steht für das Montreal Neurological Institute. Quelle: (Hickok u. Poeppel, 2007)

5.3 Unterschiedliche Prozesse erfordern Informationen aus unterschiedlichen Zeitskalen

Der Interpretation eines Lautes, gehen verschiedene Schritte voraus. Innerhalb dieser Stufen ist es notwendig, Informationen aus unterschiedlichen Zeitskalen zu extrahieren. Die Information über die Reihenfolge der Segmente, die es dem Menschen beispielsweise erlaubt, das Wort "pets" von "pest" zu unterscheiden, ist in einem relativ kurzen Zeitfenster von 20-50ms kodiert.

Suprasegmentale Analysen, welche Informationen über Silbengrenzen, lexikalisch-tonale Informationen als auch prosodische Merkmale, wie Betonung interpretieren, benötigen einen weitaus längeren Zeitraum von 150-300ms. Vorherige Modelle gingen hier entweder von einer hierarchischen Struktur (Liberman u. Mattingly, 1985, Stevens, 2002), oder einem Parseprozess auf Silbenhäufigkeit aus (Dupoux, 1993, Greenberg u. Arai, 2004).
Das Modell von Hickok & Poeppel weicht von dieser hierarchischen Gliederung ab und geht von einem sogenannten "multi-time resolution model" aus. Die Verarbeitung der Sprachdaten erfolgt gleichzeitig, auf zwei unterschiedliche Strömen verteilt. Extrahierte Informationen werden kombiniert und stehen für Berechnungsvorgänge auf lexikalischer Ebene zu Verfügung.

Obwohl die Kombination der Informationen aus beiden Strömen die scheinabr effektivste Art der Verarbeitung darstellt, könnten bereits die Daten jeweils eines Stromes ausreichend sein, um eine Verbindung zum mentalen Lexikon aufzubauen. Um diese Annahmen zu überprüfen, benötigt es den Nachweis dieser unterschiedlichen Zeitskalen als auch den Nachweis der perzeptuellen Interaktion.

Perzeptuelle Interaktion innerhalb dieser beiden Zeitskalen wurde kürzlich in einer Studie nachgewiesen, als das Stimuli als Filter bestimmter Frequenzen eingesetzt, zu Unterschieden in der Performanz der Probanden führte. (D.P, unveröffentlichte Beobachtungen). Desweiteren stützen fMRI-Studien die Hypothese des von Hickok & Poeppel postulierten "multi-time resolution models". Assymetrien in den Hemisphären zeigten weiterhin, dass die linke hemisphäre weniger selektiv auf die unterschiedlichen Zeitskalen reagierte, als die rechte (Boemio u. a., 2005).

Dies unterscheidet sich von der Annahme, die linke Hemisphäre spiele ein dominante Rolle in der Verarbeitung von temporalen Informationen während die rechte Hemisphäre lediglich spektrale Informationen verarbeite. (Zatorre u. a., 2002, Schonwiesner u. a., 2005).

Hickok & Poeppel schlagen vor, dass langsamere Prozesse überwiegend in der rechten Hemisphäre, kürzere Prozesse bilateral lokalisiert sind. Die traditionelle Ansicht, dass die linke Hemisphäre ausschließlich für die Verarbeitung schneller zeitlicher Informationen spezialisiert ist, wird von den Autoren nicht geteilt.

Eine Möglichkeit bestünde darin, dass in der linken Hemisphäre akustische Informationen kategorischer, als in der rechten verarbeitet werden.(Liebenthal u. a., 2005) Gefundene Asymmetrien in Sprachwahrnehmungsstudien könnten hiermit erklärt werden. Läsionsdaten welche die Vermutung nährten, die weniger kategorische Verarbeitung der rechten Hemisphäre sei ausreichend für den lexikalischen Zugang, könnten ebenfalls gestützt werden.

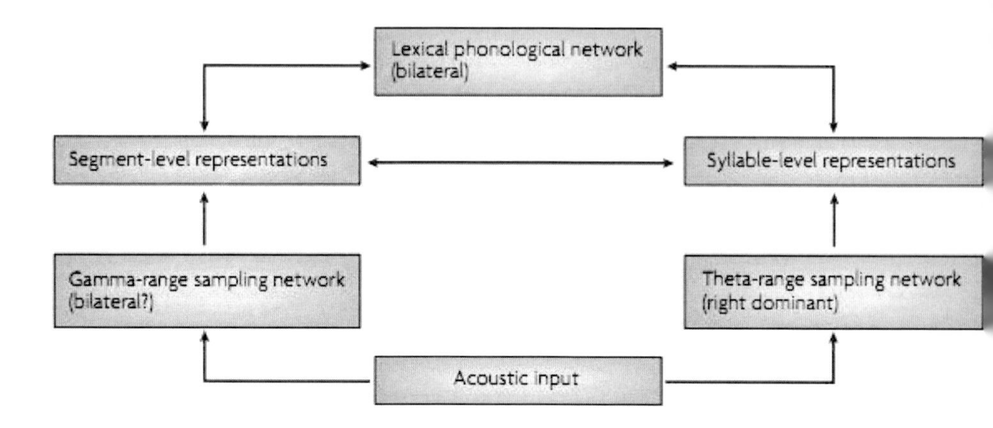

Abbildung 5.3: *Parallele Pfade vom akkustischen Signal bis zur lexikal-phonologischen Repräsentation. Der Gamma-range Strom umfasst die schnelleren Verarbeitungsschritte, wie die Auflösung der Informationen auf segmentaler Ebene und ist möglicherweise bilateral lokalisiert.*
Der Theta-range Strom beinhaltet langsamere Prozesse, wie die Verarbeitung auf Silbenebene und ist nach Hickok & Poeppel der rechten Hemisphäre zuzuordnen. Beide Ströme scheinen zu interagieren, aber auch in der Lage zu sein, eigenständig das lexikalisch-phonologische Netzwerk zu aktivieren. Quelle: (Hickok u. Poeppel, 2007)

5.4 Der auditorische Kortex innerhalb des Dual-Stream Modells: Phonologische Verarbeitung und der STS

Es mehren sich Beweise, dass bereits in frühen Stadien des Spracherkennungsprozesses, Teile des STS eine wichtige Rolle in der Verarbeitung von phonologischen Informationen spielen (Hickok u. Poeppel, 2004, Price, 1996, Liebenthal u. a., 2005, Binder, 2000, Indefrey u. Levelt, 2004).

Dies scheint nicht auf den reinen Perzeptionsvorgang beschränkt, da jeglicher Zugriff auf phonologische Informationen, Aktivierungen des STS nachsichzieht.
(Indefrey u. Levelt, 2004, Buchsbaum u. a., 2001, Hickok u. a., 2003).

Beim Vergleich von akkustischen Signalen wird ersichtlich, dass der STS selektiver auf Signale mit phonemischen Inhalten reagiert, als auf Signale die nicht-sprachlich sind. Einige Studien lokalisierten diese Aktivitäten in vorderen Gebieten des STS, was annehmen lässt, dass jene eine Rolle bei der Verarbeitung phonologischer Informationen innerhalb des ventralen Stroms einnehmen(Mazoyer, 1993, Narain, 2003, Scott u. a., 2000, Spitsyna u. a., 2006).

Dies steht im Kontrast zu Hypothesen, welche hintere Gebiete dem ventralen Strom zuschreiben (Hickok u. Poeppel, 2000a, 2004)

Aktivitäten in den vorderen Gebieten des STS resultierten aus Versuchsreihen, die Stimuli auf Satzebene mit auditorischen Kontrollstimuli kontrastierten. Diese Vorgehensweise macht es unmöglich, zugrundeliegende Sprachprozesse den Aktivitäten im STS zuzuordnen. Abhilfe schafften jedoch bildgebende Verfahren, die vordere Teile der temporalen Strukturen der Satzverarbeitung zuordnen konnten.(Friederici u. a., 2000, Humphries u. a., 2001, 2005, 2006, Vandenberghe u. a., 2002).

Dies nährt die Annahme, dass syntaktische oder kombinatorische Prozesse der Grund für Aktivitäten in diesem Gebiet sind.
Bei Betrachten von Läsionsdaten, vor allem der Läsionen am hinteren Teil des linken Temporallapens, eine Verletzung die zu Problemen im auditorischen Verständnis führt, scheint die Annahme, dass hintere Gebiete des STS kein Teil des ventralen Stroms sind, nicht nachvollziehbar.
(Hickok u. Poeppel, 2004, Bates, 2003, Boatman, 2004).

Hickok & Poeppel vertreten im vorliegenden Modell die These, dass der STS zum größten Teil in Verarbeitungsprozesse auf phonolgischer Ebene Einfluss nimmt und dabei anatomisch vom vordersten Teil der Heschelschen Querwindungen bis hin zum hintersten Teil der Sylvanischen Furche reicht. Dies stimmt mit den gefundenen Aktivitätsmuster der nachfolgenden Abbildung überein.

Die mittleren und hinteren Teile des STS zeigten erhöhte Aktivität für ähnlich klingende Worte, in beiden Hemisphären (Pfeile), was eine Aktivierung von größeren neuronalen Netzwerken während der Verarbeitung von ähnlich klingenden Worten vermuten lässt. Testverfahren wie die "neighbourhood density" - Tests, stellen ein Teil des phonologischen Netzwerks dar(Vitevitch u. Luce, 1999) und scheinen daher ideal, um diese Netzwerke sichtbar zu machen.

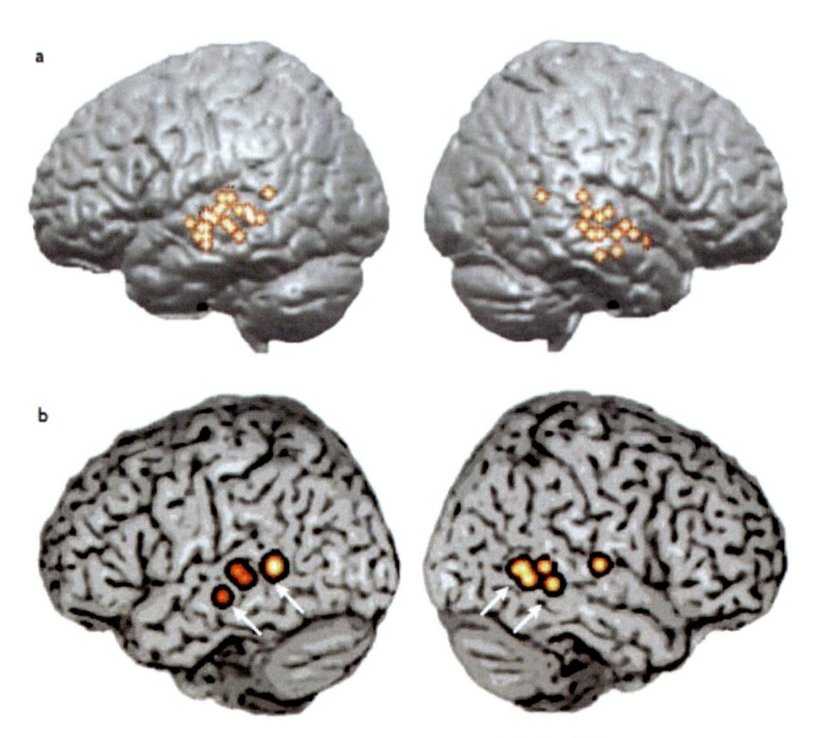

Abbildung 5.4: *Lexikalisch-phonologische Netzwerke innerhalb des STS*
a) Aktivierungsmuster von sieben Sprachverarbeitungsstudien, welche sublexikale Stimuli mit nicht-sprachlichen Reize kontrastierten (Liebenthal u. a., 2005, Vouloumanos u. a., 2001, Benson u. a., 2006, Dehaene-Lambertz, 2005, Jancke u. a., 2002, Joanisse u. Gati, 2003, Rimol u. a., 2005). Die Koordinaten des Plots wurden in das MNI Format konvertiert und entsprechen den Werten aus Abb. 5.2
b) Aktivierungsmuster einer fMRI Studie welche "high neighbourhood density words", (Worte mit ähnlichem Klang), mit "low neighbourhood density words" (Worte mit unterschiedlichem Klang) kontrastierte.
(Hickok u. Poeppel, 2007)

5.5 Der auditorische Kortex innerhalb des Dual-Stream Modells: Lexikalische, semantische und grammatikalische Verbindungen

Ein Großteil der Forschung im Gebiet der Spracherkennung versucht zu ergründen, wie Prozesse Zugang zu phonologischen Repräsentationen erhalten. Diese phonologischen Kodierungen, sind unabdingbar, da sie die Vorstufe zu höheren Verarbeitungsschritten darstellen. Laut Hickok & Poeppel gibt es starke Beweise, dass hintere Teile des mittleren Temporallappens eine Rolle in der lexikalischen und semantischen Verarbeitung spielen. Eine Erweiterung dieser Gebiete um die vorderen Teile des Temporallappens, wird bislang noch diskutiert.

Schäden in hinteren Gebieten des Temporallappens, speziell im Gebiet um den mittleren Temporalgyrus, wurden lange Zeit mit Störungen der auditorischen Wahrnehmung in Verbindung gebracht (Bates, 2003, Damasio, 1991, Dronkers u. a., 2000). Direkte kortikale Stimulation an 101 Patienten brachte hierzu mehrere Erkenntnisse. Zum Einen verifizierte sie die mittleren Gebiete des Temporalgyrus als Teil des auditorischen Wahrnehmungsprozesses, desweiteren konnte gezeigt werden, dass der größte Abschnitt des oberen Temporallappens, inklusive der vorderen Areale und der obere Gebiete des Frontallappens, ein Teil dieses Prozesses darstellen.(Miglioretti u. Boatman, 2003).Bildgebende Studien konnten zudem eine Beziehung zwischen den hinteren Regionen des mittleren Temporalgyrus und der Verarbeitung von lexikalisch-semantischer Informationen herstellen.
(Binder, 1997, Rissman u. a., 2003, Rodd u. a., 2005)

Die genannten Erkenntnise geben keine Auskunft über den Anteil der vorderen Gebiete an der lexikal-semantischen Verarbeitung, sprechen jedoch für die hinteren Areale des mittleren Temporalgyrus. Diese Gebiete bilden die Schnittstelle für den Zugang zum lexikalisch-semantischen Netzwerk , welches letzendlich den Lauten ihre Bedeutung zuweist (Hickok u. Poeppel, 2000a, 2004). Die reine semantische Information in diesem Modell scheint kortexübergreifend verarbeitet zu werden, wobei die hinteren Temporalregionen , die phonolgischen Repräsentationen des STS auf die weitverstreuten semantischen Repräsentationen abbilden
(Damasio u. Damasio, 1994).

All diese Beweise und Erkenntnisse legen eine Linkseitigkeit jener Strukturen nahe. Die Fähigkeit der rechten Hemisphäre, Worte zu verstehen relativiert dies jedoch und spricht für eine bilaterale Anordnung, zumindest im Bezug auf die lexikalisch-semantische Verarbeitung. Die vorderen temporalen Gebiete, in der Folge als ATL Areale abgekürzt, scheinen innerhalb des Satzverständnisses, in der syntaktische Informationen mit semantischen interagieren, eine Rolle zu spielen. Dagegen sprechen Studien mit Patienten die an semantischer Demenz erkrankt sind. Diese Krankheit führt zu einer beidseitigen Atrophie der ATL Gebiete, was sich in Problemen bei lexikalischen Prozessen, wie das benennen von Dingen, oder der Fähigkeit semantische Verbindungen zu knüpfen, darstellt.
(Gorno-Tempini, 2004, Scott u. a., 2000, Spitsyna u. a., 2006).

Hickok & Poeppel argumentieren hier, dass es sich bei diesen Defiziten um ein allgemeineres Problem handle, da neben den ATL Gebieten auch obere und mittlere Temporalareale, jeweils beidseitig, betroffen sind (Gorno-Tempini, 2004). Dies schwächt die angenommene Verbindung zwischen den lexikalischen Problemen und der ATL Strukturen deutlich ab.

Höhere syntaktische Prozesse könnten jedoch in Verbindung der ATL Gebiete stehen. Bildgebende Verfahren zeigten, dass Aktivierungen bei Probanden höher waren, wenn Sätze vorgelesen oder gehört wurden, als bei der Perzeption von unstrukturierten Listen, oder Wörtern (Friederici u. a., 2000, Humphries u. a., 2001, 2005, Vandenberghe u. a., 2002). Schäden in den Gebieten des ATL manifestierten sich zudem, in Problemen beim Verstehen von komplexen synatktischen Strukturen
(Dronkers u. a., 2004).

Dies steht im Kontrast zu Patienten mit semantischer Demenz, die gutes Satzverständnis besitzen. Zusammenfassend kann gesagt werden, dass lexikalisch-semantische Verarbeitung vor allem im hinteren Teil des Temporallappens stattfindet. Vordere Gebiete sind hingegen, bei Anbetracht der bildgebenden Verfahren, den kompositionell-semantischen Prozessen zuzuordnen. Der neuropsychologische Beweis für diese Vermutungen bleibt jedoch weiter offen.

6 Der auditorische Kortex als Sprachregulator nach (Houde u. a., 2002)

6.1 Wechselwirkung zwischen Sprachwahrnehmung und Sprechweise

Studien der letzten Jahre haben gezeigt, dass Sprachproduktion und Sprachwahrnehmung keinesfalls strikt trennbare, einzeln zu betrachtende Aspekte der Sprachverarbeitung sind.

Beide Prozesse stehen in Wechselwirkung. (Lane u. Tranel, 1971) zeigten, dass Rauschen während eines Gesprächs zu einer Anhebung der Lautstärke des Sprechenden führt. Selbst zeitliche und spektrale Unterschiede während der Perzeption haben direkten Einfluss auf die Rede des Sprechers.(Gracco u. a., 1994) bemerkten, dass eine Verschiebung des Spektrums während des Perzeptionsprozesses auch eine Verschiebung des Spektrums des Sprechenden nach sich zieht. Analog verhält es sich bei Störungen in der zeitlichen Auflösung des Sprachsignals. Laut (Yates, 1963, Lee, 1950), führen Verzögerungen innerhalb des wahrgenommenen Sprachsignals zu direkten Störungen des Redeflusses.

(Kawahara, 1993) untersuchte die Tonhöhe, die einen weiteren wichtigen Be- standteil des Sprachsignals darstellt. Wird die Tonhöhe während der Wahrnehmung des Sprachsignals als störend empfunden, tritt eine Kompensationsmechanismus in Kraft und die eigene Tonhöhe wird verändert. Nicht nur Sprechtempo und Sprechlautstärke sind dynamischen Änderungen unterworfen, auch die Produktion von Lauten steht in direkter Wechselwirkung mit dem Perzeptionsprozess. (Houde u. Jordan, 1998)) postulierten, dass die Produktion von Vokalen von den wahrgenommen Formanten abhängt. Ändern sich die Formanten, wirkt sich dies direkt in einer veränderten Vokalproduktion aus.

Versuche mit Fledermäusen (Suga u. Schlegel, 1972, Suga u. Shimozawa, 1974) zeigten, dass bestimmte neuronale Prozesse im Gehirn während der Vokalisation gedämpft werden Während des Vokalisationsvorgangs kam es zu einer Dämp- fung in der Schleifenbahn (Lemnicus lateralis) um 15 dB. (Muller-Preuss u. Ploog, 1981), entdeckten Dämpfungsreaktion bei Affen. Anders als bei den Fledermäusen führte der Vokalisationsvorgang hier zu einer Hemmungsreaktion im auditorischen Kortex. Ähnliche Dämpfungsmechanismen konnten Jahre später im Temporallappen des Menschen gefunden werden. (Creutzfeldt u. Ojemann, 1989, Creutzfeldt u. a., 1989a,b). Die Dynamik des Dämpfungsprozesses in den auditorischen Gebieten ist jedoch noch nicht vollständig erforscht.
(Demonet u. a., 1992, Zatorre u. a., 1992) untersuchten die Aktivität auditorischer Gebiete während des Sprachwahrnehmungsprozesses und kamen zu dem Schluss, dass sowohl phonetische als auch semantische Informationen vorwiegend in der linken Hemisphäre, genauer gesagt in den Gebieten des Temporallappens, des unteren Stirnlappens und der hinteren Region des Scheittellappens, verarbeitet werden. Prosodische Informationen werden hingegen in den selben Gebieten auf der rechten Hemispäre verarbeitet. (Hickok u.

Poeppel, 2000b, Levelt, 1983, 1989) vermuten, dass ähnliche Bereiche im Gehirn auch bei der Überwachung dieser linguistischer Informationen in der Sprachproduktion eine Rolle spielen.
PET Studien zeigten, dass der primäre auditorische Kortex (A1) auf selbst produzierte Sprache nur eine minimale Reaktion zeigt (Hirano u. a., 1996, 1997b). Wird dem Probanden jedoch eine veränderte Version seiner Normalsprache vorgespielt, verstärken sich die Reaktionen in diesem Gebiet (Hirano u. a., 1997a). Maskiert man ein Sprachsignal hingegen mit einem weißen Rauschen und verändert die Sprechrate, reagiert der sekundäre auditorische Kortex auf der linken Hemisphäre (McGuire u. a., 1996). Der sekundäre auditorische Kortex war nicht die einzige Region die Reaktionen innerhalb dieser Studien zeigten. Gebiete des präfrontalen Kortex und des Oberculum frontale reagierten ebenfalls bei der Wahrnehmung des veränderten Sprachsignals.

(Curio u. a., 2000, Numminen u. Curio, 1999, Numminen u. a., 1999) fanden bei ihren MEG Studien heraus, dass es einen Unterschied macht, ob der Proband seine selbst produzierte Sprache oder Sprachaufnahmen vom Band hörte. Der auditorische Kortex der Probanden reagierte auf die selbst produzierte Sprache deutlich schwächer, als auf Aufnahmen vom Band. Eine Studie von Curio et al. (2000) zeigte deutliche Unterschiede in der M100 Reaktion [1] zwischen der selbst produzierten Sprache und Bandaufnahmen. Während die Amplitude der M100 Reaktion nur in der linken Hemisphäre signifikante Unterschiede aufwies, waren in beiden Hemisphären Diskrepanzen in den Latenzeiten der Reaktion messbar. Numminen untersuchte dieses Phänomen in zwei Studien:

Studie	Aufbau	Ergebnis
(Numminen u. a., 1999):	Messung der M100 Reaktion auf 1khz Töne	leichte Verzögerung /signifikante Hemmung während "overt speech" im Vergleich zu "silent speech"
(Numminen u. Curio, 1999):	Messung der M100 Reaktion bei Hintergrundbeschallung. Proband wurde während des Hörens kurzer Vokale noch zusätzlicher Beschallung in Form von selbst produzierter Sprache oder Bandaufnahmen ausgesetzt.	M100 Reaktionen waren durch diese zusätzliche Beschallung deutlich verzögert und gedämpft.

Diese Dämpfungsmechanismen wurden von Houde in der vorliegenden Studie weiter untersucht. In ihrem Werk "Modulation of the Auditory Cortex during Speech - an MEG Study", dass diesem Abschnitt zugrunde liegt, widmen sie sich zwei möglichen Theorien der M100 Abschwächung im auditorischen Kortex.

(Papanicolaou u. a., 1986) postulierten eine generelle Hemmung der Aktivität des auditorischen Kortex während des Sprechvorgangs. Als Grund wird eine indirekte Muskelaktivität des Mittelohres während des Sprechens vermutet.
Eine andere Theorie basiert auf einer auditorischen Abwandlung der "reafference hypothesis" (Hein u. Held, 1962)). Aktivität im motorischen System führt heirnach, zu einer

[1] M100 Reaktion bezeichnet eine Antwort, die 100msec nach einem Reiz auftritt. Im Original von Curio et al. (2000) wird sie als "100 msec postimulus response" beschrieben

internen Repräsentation des zu erwartenden auditorischen Feedbacks. Diese interne Abbildung wird im nächsten Schritt mit dem tatsächlichen auditorischen Feedback verglichen und führt im Falle der Übereinstimmung beider Werte, zu einer Abschwächung der M100 Reaktion im auditorischen Kortex.

Um beide Hypothesen zu überprüfen, bedienten sich Houde et al. (2002) der MEG-Technologie. Während des Sprechvorgangs wurde den Probanden ihr eigenes Sprachfeedback über Kopfhörer zugespielt und die Reaktionen im auditorische Kortex beider Hemisphären auf einem MEG-Bild festgehalten. Im nächsten Schritt wurden die MEG-Aufnahmen mit Bildern verglichen, die während des Hörens der eigenen Stimme vom Band angefertigt wurden.

Insgesamt umfasst die Studie drei Experimente. Das erste Experiment, wiederholt die Versuche von Numiminen et al. (1999), mit dem Augenmerk auf die Dynamik der Abschwächung von M100 bei der selbst produzierten Sprache. Das zweiten Experiment untersuchte die Eigenart der Dämpfung von M100 , mit Hilfe von Tönen, die dem Sprachsignal beigemischt wurden. Im dritten Experiment bedienten sich Houde et al. eines manipulierten Sprachfeedbacks für das Erzeugen einer M100 Reaktion um die "reafference hypothesis" zu testen.

6.2 Experiment I: Unterdrückte Reaktionen im auditorischen Kortex bei der "speaking condition"

Abbildung 6.1 zeigt dem Versuchsaufbau. Ein 37-kanaliges Biometers diente der Aufzeichnung von Megnetfelder beider Hemisphären. Das Richtmikrofon wurde so platziert, dass es die Magnetfelder nicht beeinträchtigte. Des Weiteren befand sich die Apparatur in einem abgeschirmten Raum. Die akkustischen Eingabedaten wurden über einen Kopfhörer übertragen. Die Reize zum Auslösen der Datenerfassung, differierten in allen drei Versuchsreihen.

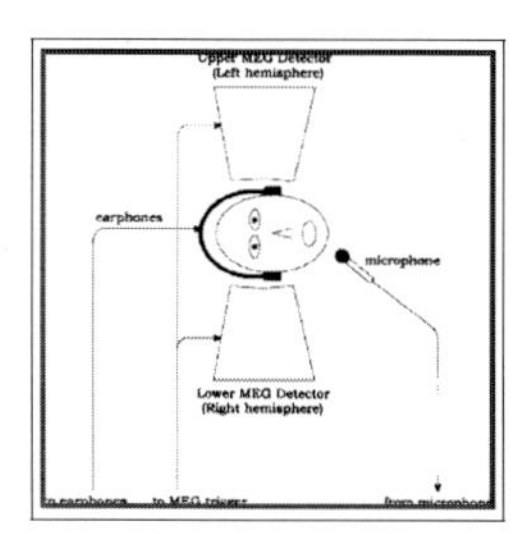

Abbildung 6.1: *Apparat wie er in den Experimenten benutzt wurde Quelle: (Houde u. a., 2002)*

Das erste Experiment basierte auf zwei Versuchen, der "speaking condition" und der "tape playback condition". Bei der "speaking condition" wurden die Probanden aufgefordert, den kurzen Vokal /ə/ zu produzieren. Die Testpersonen mussten zudem sicherstellen, dass Kiefer und Zunge während der Produktion des Lautes unbeweglich und entspannt blieben. Das Sprachsignal des Probanden wanderte dann, über das Mikrofon, zu einem Tonbandgerät und dem eigenen Kopfhörer.

Dieses Signal bildete den Auslösereiz für die Datenerfassung der MEG-Aufnahmen.Die gesamte Datenmenge dieses Vorgangs umfasste 100 Äußerungen, die auf das Tonbandgerät aufgenommen wurden.

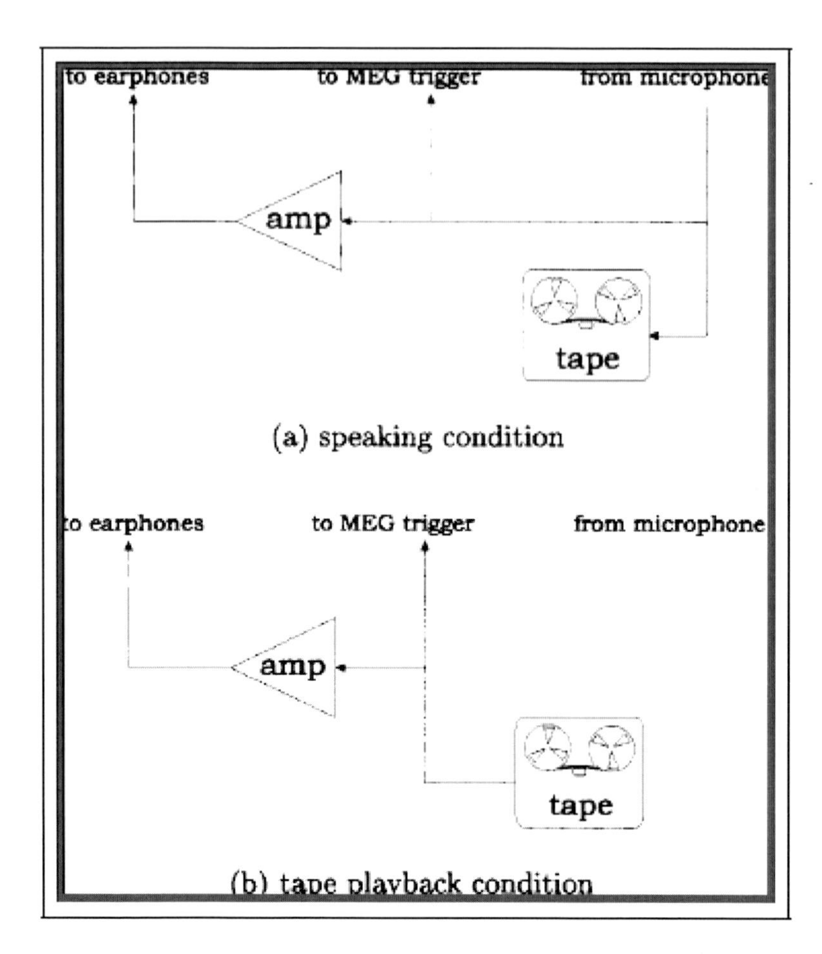

Abbildung 6.2: *Die "speaking condition" und die "tape playback condition" des ersten Experiments Quelle: (Houde u. a., 2002)*

Die Ergebnisse der "speaking condition", in Abbildung 6.3 anhand der Daten einer Testperson illustriert, zeigen evozierte Magnetfeldreaktionen, welche an jeder Position des Detektors aufgezeichnet und über alle 100 Äußerungen gemittelt wurden. Die Kurven beschreiben die durchschnittliche Antwortzeit pro Detektorposition. Die Markierungen stehen für den Beginn der Vokalisierung.

In Abbildung 6.4 sind die RMS Reaktionen beider Versuche direkt gegenübergestellt. Die

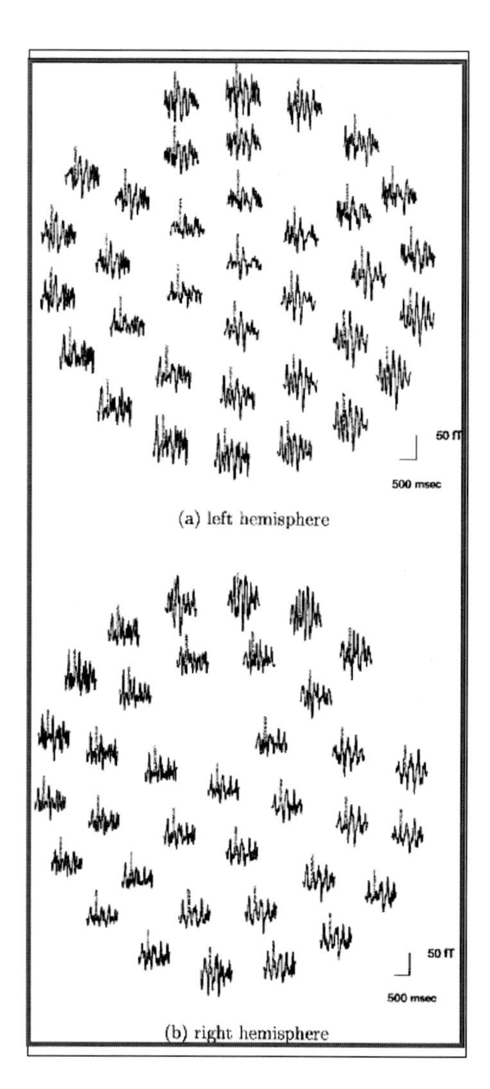

Abbildung 6.3: *RMS Reaktionen in der "speaking condition" des ersten Experiments. Die Lücken in den Kurvenansammlungen, lassen sich durch inaktive Detektoren erklären. Quelle: (Houde u. a., 2002)*

Abbildung ist in einen oberen und einen unteren Bereich eingeteilt. Der obere Bereich zeigt die durchschnittlichen RMS Reaktionen in der linken Hirnhälfte, der untere Teil die Reaktionen in der rechten Hinrhälfte. Die unterschiedlichen Linienstärken der Kurven beschreiben die beiden Versuche des Experiments. Eine dicke Linie steht in der Abbildung für die "speaking condition" die dünne Linienführung verdeutlicht die Ergebnisse der "tape playback condition".

Die RMS Feldstärke (fT) wurde in der vertikalen Achse eingetragen, die horizontale Achse bildet die Zeitachse (msec). Diese ist relativ zum Onset der Vokalisierung von (0 msec) angelegt.

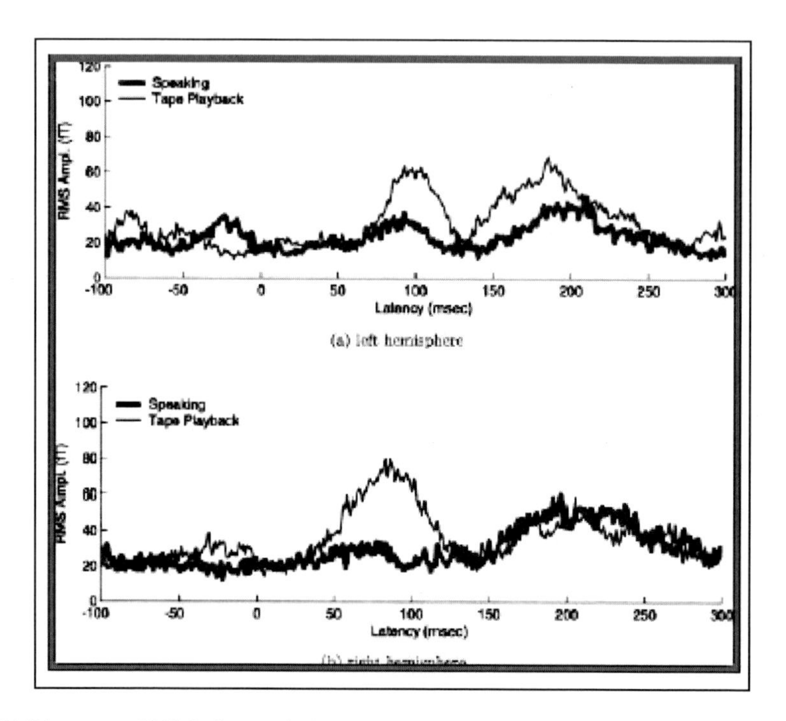

Abbildung 6.4: *RMS Reaktionen beider Versuche, aufgeteilt in die rechte und linke Hemisphäre. RMS Werte wurden über alle 37 Detektoren gemittelt. Quelle: (Houde u. a., 2002)*

Bei genauerer Betrachtung der Abbildung 6.4, wird ersichtlich, dass die meisten Kurven ihr Maximum bei ungefähr 100msec erreichten. Dieser als (M100) bereits eingeführte "100msec post stimulus onset", differierte jedoch signifikant in beiden Versuchsreihen. Die "speaking condition" zeigte in der linken Hemisphäre eine kleinere M100 Reaktion als die "tape playback condition". Diese Diskrepanz nimmt auf der rechten Hemisphäre deutlich zu. Die M100 Reaktion der "speaking condition" ist noch weiter abgeschwächt die der "tape playback condition" signifikant erhöht.

Abbildung 6.5 zeigt dieselbe Kurve mit zusätzlichen Markierungen. Eine Standardfehlermarkierung wurde in Form von vertikalen Balken eigezeichnet. Die Sternchen in der Grafik beschreiben die unterschiedlichen Latenzzeiten der beiden Versuchsreihen relativ zu $p < 0.001$. Bei Betrachtung der M200 Reaktionen fällt auf, dass die "speaking condition" in der rechten Hemisphäre höhere Werte erzielt. Dies steht im Gegensatz zu den gemessenen M100 Reaktionen, die auf der rechten Hemisphäre eine deutlich abgeschwächte Amplitude zeigte.
Die M200 Werte der "tape playback condition" zeigt ähnlich wie bei den M100 Messungen, erhöhte Werte in der linken Hemisphäre.

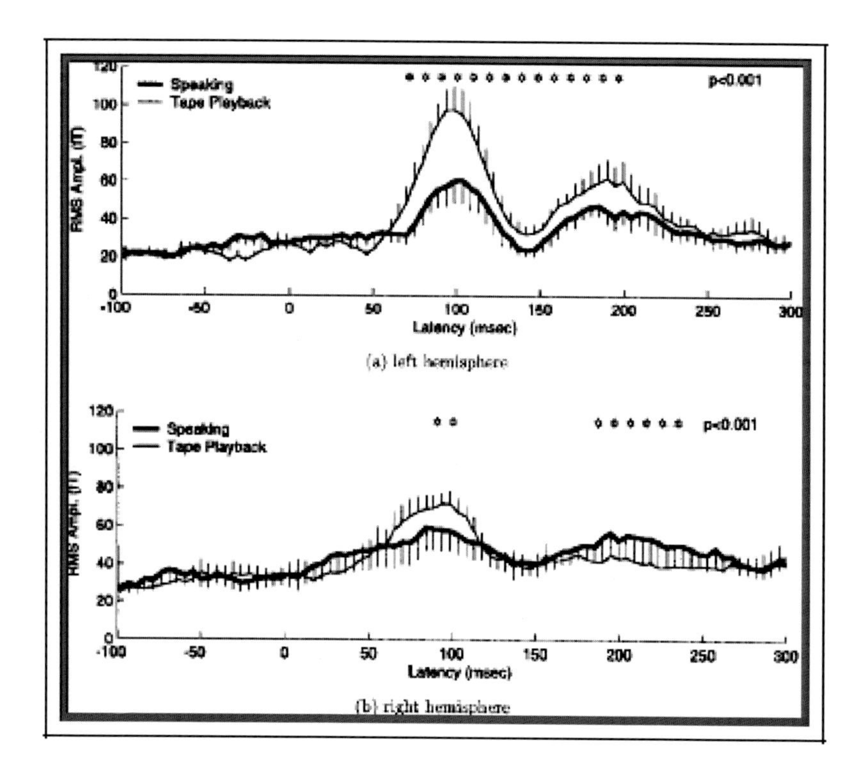

Abbildung 6.5: *Die RMS-Werte zeigen den Durchschnitt der Daten aller acht Testpersonen. Vertikale Balken markieren die Standarfehler im Signal. Signifikante Unterschiede in den Latenzzeiten werden durch Sternchen dargestellt. Quelle: (Houde u. a., 2002)*

Akkustische Informationen wurden mittels Luftleitung übertragen und erzeugten sogenannte "side-tones". Houde et.al(2002) passten die Amplituden an, so dass die Intensität der Mikrofon und Tonbandsignale als identisch wahrgenommen wurden. Tatsächlich war die Amplitude der "speaking condition" um 3 dB höher als bei der "tape playback condition", was sich auf den Knochenschall zurückführen ließ. (von Bekesy, 1949).

Studien zeigten, dass die M100 Reaktion im auditorischen Kortex eine monoton-steigende Funktion der Eingangslautstärke darstellte (Stufflebeam u. a., 1998). Dies ließ vermuten, dass eine höhere Amplitude eine weitaus größere M100 Reaktion in der "speaking condition" als in der "tape playback condition", aufweisen würde.
Der Unterschied war jedoch geringer als erwartet. Bei einem zugewiesenen Lautstärkepegel von 80 dB war der Effekt auf M100 beinahe gesättigt. Eine höhere Amplitude hat demzufolge zu keiner größeren M100 Reaktion im auditorischen Kortex geführt. Das Gegenteil war der Fall.

Die "speaking condition" zeigte eine kleinere Reaktion als die "tape playback condition".

Des Weiteren wurde die Ortung der reagierenden Areale durch die Auswertung von räumlich-zeitlicher Magnetfeldaufnahmen durchgeführt. In den Stimulus-Bedingungen, welche sich aus drei Kriterien zusammensetzten (Mikrofon / Band / Töne), wurden keine statistisch relevanten Unterschiede ($p > .5$) an gleichartigen Dipolen innerhalb der Hemisphären ermittelt. Diese Daten legen nahe, dass die beobachtete Unterdrückung aus einer begrenzten kortikalen Region, wahrscheinlich A1 und die an dieses Gebiet angrenzenden Gebiete zusammesetzt.

Durch weitere Auswertungen von Läsionsdaten und intracranialen Aufnahmen, konnte diese Vermutung bestätigt werden. Alle M100 Reaktionen scheinen dem Temproallappen, genauer dem auditorischen Kortex inklusive dem Gebiet A1, zugeordnet zu sein. (Ahissar u. a., 2001, Picton u. a., 1999, Liegeois-Chauvel u. a., 1994, Reite u. a., 1994, Richer u. a., 1989, Scherg u. Von Cramon, 1985, 1986, Woods u. a., 1984, Hari u. a., 1980)

6.3 Experiment II: Tonexperimente widerlegen die "nonspecific attenuation" Hypothese als alleinige Quelle der Abschwächungsreaktionen

Das Experiment I hatte eine deutliche Abschwächung im Bereich der "speaking condition" gezeigt. Houde et al.(2002) formulieren mit der "nonspecific attenuation" eine mögliche Erklärung für die Dämpfung der Aktivitäten im auditorischen Kortex. Hierbei führt die Aktivität des Motorkortex zu neuronalen Signalen. Diese Signale hemmen direkt die Aktivität des auditorischen Kortex. Als Folge dieser Annahme müsste das Gebiet während des Sprechens eine geringere Reaktion auf alle Arten von auditorischen Signalen zeigen. In einem weiteren Experiment untersuchten Houde et al. (2002) die M100 Reaktionen auf Tonstimuli unter drei verschiedenen Konditionen.

Der erste Versuch befasste sich ausschließlich mit der tonalen Wahrnehmung der Probanden. Den Tespersonen wurden Tonsignale im 1 kHz-Bereich über Kopfhörer zugespielt.
Der zweite Versuch verband die tonale Perzeption mit einem aktiven Sprechvorgang. Während die Probanden den Laut /ə/ zu produzieren hatten, wurden ihnen Tonsignale über Kopfhörer zugespielt.
Der dritte Versuch befasste sich ähnlich wie Versuch I, mit einer reinen Perzeptionsmessung. Neben der tonalen Komponente, hörten die Probanden gleichzeitig die Aufnahmen des letzten Versuchs.
Die Maskierung der Tonsignale machte eine Absenkung der Amplitude um 20 dB notwendig.

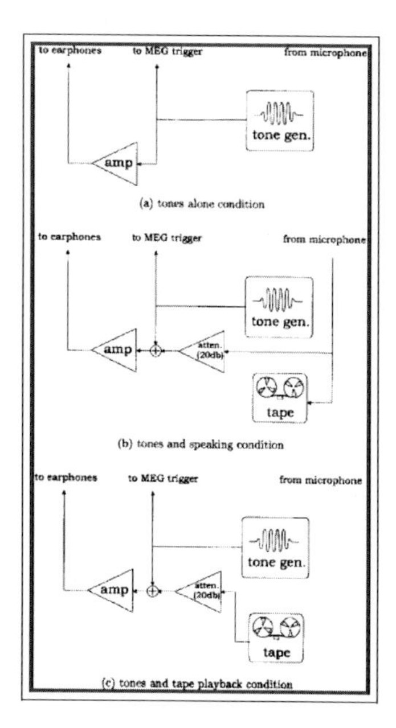

Abbildung 6.6: *Der Aufbau der drei Versuchreihen in Experiment II Quelle: (Houde u. a., 2002)*

Alle Ergebnisse des zweiten Experiments können in Abbildung 6.7 abgelesen werden. Die Abbildung zeigt die durchschnittliche RMS-Reaktionen gemittelt über alle Probanden, Versuchsreihen und Hemisphären. Die Linienführung beschreibt die unterschiedlichen Versuchsreihen. Eine gestrichelte Linie steht für die reine tonale Perzeption aus dem ersten Versuch. Der zweite Versuch der die tonale Perzeption mit der aktive Produktion eines Lautes verband, ist durch eine dicke Linienführung gekennzeichnet. Dünne Linien stellen die Ergebnisse der dritte Versuchsreihe, in der Töne und Bandaufnahmen verwendet wurden, dar. Vertikale Balken stehen wie in den vorherigen Abbildungen für Standardfehler, Sternchen beschreiben die unterschiedlichen Latenzzeiten zwischen den Versuchen zwei und drei, relativ zu $p<0.001$

Die M100 und M200 Reaktionen wiesen in allen Messreihen erhöhte Werte auf. In beiden Hemisphären zeigten sich deutliche Auschläge in Versuchsreihe I, in welcher der Proband ausschließlich Tonsignale hörte. Die Messreihen zwei und drei, bei denen die tonale Perzeption mit, entweder der aktiven Produktion von Lauten, oder der gleichzeitigen Beschallung durch Bandaufnahmen kombiniert wurde, führte zu reduzierten M100 und M200 Reaktionen in der linken Hemisphäre, wobei die Versuchsreihe mit Sprachproduktion eine stärkere Abschwächung dieser Reaktionen zeigte als die Beschallung durch Bandaufnahmen. Dies konnte durch eine statistische Anaylse bestätigt werden.

In der rechten Hemisphäre war keine solche Diskrepanz messbar. Beide Messreihen wiesen eine gleichstarke Dämpfung der M100 und M200 Reaktionen auf. Einzig die Latenzzeiten

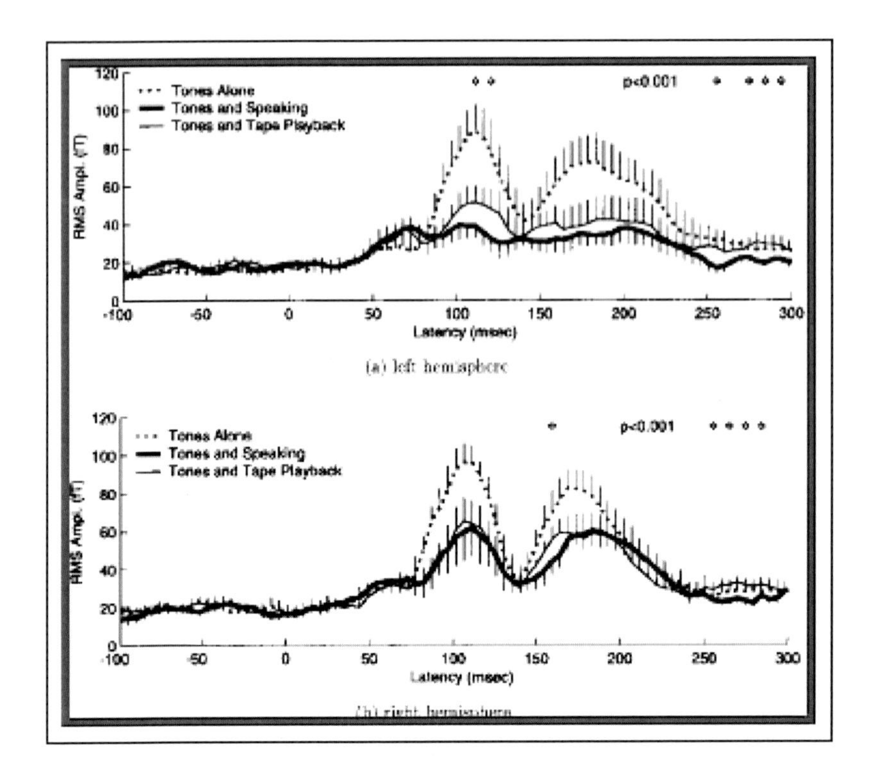

Abbildung 6.7: *RMS Reaktionen der Versuchsreihen des zweiten Experiments. Die unterschieldiche Linienführung unterscheidet die Versuchsreihen. Reine tonale Perzeption aus Versuch I (gestrichelte Linie), tonale Perzeption mit aktivem Sprachvorgang (dicke Linie), tonale Perzeption mit Bandbeschallung (dünne Linie). Sternchen zeigen signifikante Unterschiede der Latenzzeiten der Versuchsreihen zwei und drei. Vertikale Balken stellen die Standarfehlermarkierung dar. Die Frequenzen der Tonsignale befindet sich bei 1.0 khz. Quelle: (Houde u. a., 2002)*

unterschieden sich in Teilen signifikant.

Es scheint, als kreiere der aktive Sprechvorgang meist nur ein geringes Maß an der von Houde et al.(2002) beschriebenen Art der "nonspecific attenuation" bei Tonsignalen in der linken Hemisphäre, was bei der Bandwiedergabe so nicht auftritt. Zur genaueren Bestimmung des Beitrags am tatsächlichen Dämpfungsprozess der Reaktionen auf den aktiven Sprechvorgang, können die benötigten Signalreduktionen für die Reaktionsdämpfungen abgeschätzt werden.

Die Resultate aus Experiment I zeigten, dass im Vergleich zu den Versuchsreihe mit Bandaufnahmen, die aktive Sprachproduktion eine 30%-tige Abschwächung in der M100 Amplitude in der linken Hemisphäre und eine 15%-tige Abschwächung der Amplitude in der rechten Hemisphäre nach sich zieht. In Lautstärkenangaben gemessen, entsprach dies einer Minderung um 7 dB bzw. 13 dB des Eingangsignals.

Im zweiten Experiment gab es eine Abschwächnung der M100 Reaktion in der linken Hemisphäre während des Sprechens der Testpersonen. Diese Dämpfung war um 7% höher als die Reaktionen der Probanden auf Tonsignale in Kombination mit Bandaufnahmen. Diese 7% entsprachen einer Minimierung des Eingangsignals um 3 dB.
Diese Messdaten veranlassten Houde und Koautoren zu der Annahme, dass die "nonspecific attenuation" nicht für alle Dämpfungsreaktionen während des aktiven Sprechakts verantwortlicht gemacht werden kann. Eine mögliche Erklärung geben (Papanicolaou u. a., 1986). In ihrer Studie, treten Dämpfungsreaktion durch den Knochenschall und der Aktivität der Mittelohrmuskeln während des Sprechakts auf. Dies veranlasste Houde et al. zu Messungen im Hirnstamm. Es wurden Versuchemit fünf Probanden durchgeführt und deren Reaktionen auf Klickgeräusche ermittelt. Die Rahmenbedingungen entsprachen den Bedingungen des zweiten Experiments - reine Perzeption, Perzeption während gleichzeitiger Produktion und dem Vorspielen von Aufnahmen vom Band. Auch hier bedurfte es, wie in Experiment II, einer Minderung der Hintergrundeinflüsse um 20 dB, um klare Reaktionen zu provozieren.

Neben den Hirnstammreaktionen maßen Houde et al. (2002) zusätzlich die Latenzzeiten und die Amplitude der Wellen I-V. Die Ergebnisse dieser Messungen zeigten keine statistischen Unterschiede innerhalb der drei Versuchskriterien. Weder in den Latenzeiten noch in der Amplitude der Wellen ($p>2$). Dieses Resultate unterstützen zunehmend die Annahme, dass die beobachteten Effekte koritkalen Ursprungs sind.

6.4 Experiment III bestätigt die auditorisch abgewandelte "reafference hypothesis" von (Hein u. Held, 1962)

Eine andere These zur Dämpfung der Reaktionen im auditorischen Kortex, gründet auf einem Signalvergleich (Hein u. Held, 1962). Das ankommende akkustische Signal wird hierbei mit einer intern berechneten Repräsentation verglichen. Nach dieser Theorie führt eine Änderung des ankommenden Reizes zu einem Mismatch , da beide Signale nicht übereinstimmen. Dieses Mismatch sollte eine deutliche Abschwächung oder gar vollständige Tilgumg der Dämpfungsreaktionen zur Folge haben.

Im dritten Experiment der vorliegenden Studie, testeten Houde. et al diese Theorie, indem sie das auditorische Feedback unter verschiedenen Bedingungen veränderten. Der Aufbau aus Abbildung 6.8 ähnelte dem ersten Experiment insofern, als dass auf eine "speaking condition" und eine "tape playback condition" zurückgegriffen wurde. Der Unterschied in diesem Experiment lag in einem Summensignal, welches sich aus der eigenen Sprache und einem künstlich erzeugten weißen Rauschen zusammensetzte. Die Probanden gaben an, während der Sprachproduktion, anstatt ihres erwarteten auditorischen Feedbacks der eigenen Sprache, vorallem das künstlich generierte weiße Rauschen gehört zu haben.

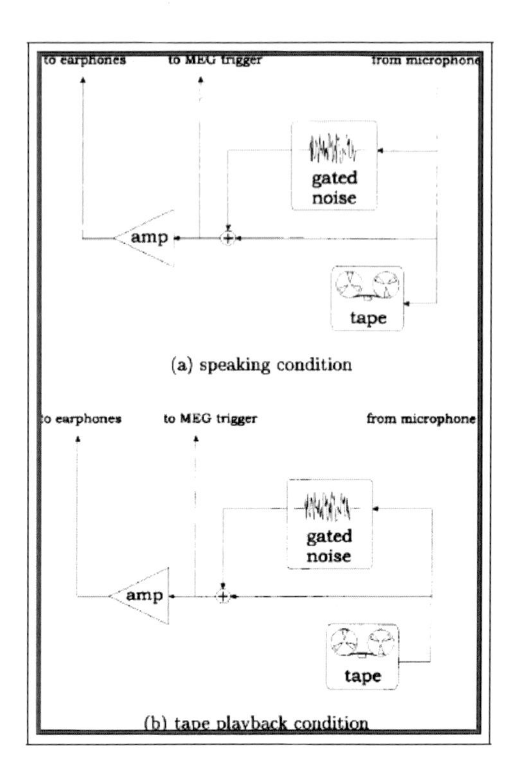

Abbildung 6.8: *Der Aufbau beider Versuchsreihen aus Experiment III Quelle: (Houde u. a., 2002)*

Die Resultate des dritten Experiments sind in Abbildung 6.9 dargestellt. Dicke Linien stehen hierbei für die durchschnittliche Reaktion auf die mit weißem Rauschen angereicherte "speaking condition". Dünne Linie stellen die "tape playback condition" in Verbindung mit dem weißen Rauschen dar. Wie in den Abbildungen zuvor, markieren Sternchen signifikante Unterschiede in den Latenzzeiten der Versuchsreihen in beiden Hemisphären (rel. zu $p<0.001$).

Die "speaking" und die "tape playback condition" differieren für M100 signifikant im Zeitbereich von 150ms in der linken Hemisphäre. In der rechten Hemisphäre zeigen sich Unterschiede in den Bereichen um 50msec und 200msec. Da sich Houde et al. bei der Interpretation der Ergebnisse ausschließlich auf die M100 Reaktionen beschränkten, fallen hier nur die Reaktionen der linken Hirnhälfte ins Gewicht. Während die Latenzzeiten von M100 zwischen der "speaking condition" und der "tape playback condition" um 20msec differieren, blieb die Amplitude beider Kurven beinahe konstant.

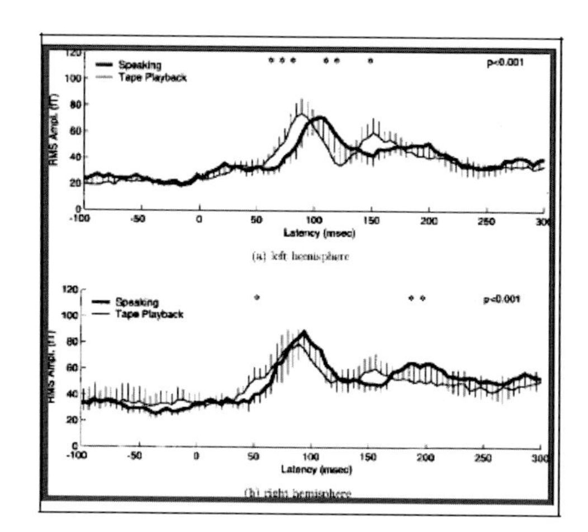

Abbildung 6.9: *Gemittelte RMS Reaktionen des dritten Experiments. Vertikale Balken markieren Standarfehler. Dünne Linien stellen die "tape playback condtition", dicke Linien die "speaking condition" dar. Sternchensymbole beschreiben die signifikanten Unterschiede der Latenzzeiten beider Versuchsreihen. Quelle: (Houde u. a., 2002)*

Die Abbildung 6.9 zeigte, dass die Abschwächung der M100 Amplitude, wie in Experiment I ermittelt, nicht mehr existent ist. In beiden Hemisphären ist die Apmlitude der M100 Reaktion während der "speaking condition" und der "'tape playback condition" in Verbindung mit dem weißen Rauschen, nahezu identisch.
Desweiteren zeigte Experiment III, dass ein verändertes Sprachfeedback zu einem Verlust der Abschwächungsreaktionen bei selbstproduzierter Sprache führt, was die Theorie des Signalvergleichs zwischen tatsächlicher und interner Repräsentation bestätigt.

6.5 Houde et.al,2002 im Vergleich zu anderen Studien

Die Studie von Houde et al. zeigte, dass der auditorische Kortex in der Lage ist, zwischen selbst produzierter Sprache und Bandaufnahmen zu unterscheiden. In Experiment I konnte eine signifikante Abschwächung der Amplitude der M100 Reaktion in der "speaking condition" in beiden Hemisphären verzeichnen. Dies bestätigt, dass während der Sprachproduktion, die Reaktionen des auditorischen Kortex unterdrückt werden.

Der Aufbau des Experiments I von Houde et al. ist der Studie von Curio et al. (2000) sehr ähnlich. Auch hier wurden die M100 Reaktionen in einer "speaking" und einer "playback condition" gemessen. Im Gegensatz zu Houde et al., zeigte die Studie keine signifikanten Unterschiede der M100 Reaktionen in der rechten Hemisphäre der Testper- sonen. Des Weiteren ermittelte die Studie von Curio et al.(2000) Diskrepanzen in den Latentzeiten der Reaktionen in beiden Hemisphären und zwar unabhängig davon, welche Kondition gerade getestet wurde. Dies steht im Widerspruch zu den Ergebnissen von Houde et al. (2002), in denen die Abweichungen in den Latenzzeiten, je nach Kondition, in einer anderen Hemisphäre lokalisiert war.

Dieser Unterschied könnte daher rühren, dass in der Studie von Houde et al. lediglich die akkustischen Signale angepasst, bei Curio et al. jedoch mittels Lautstärkeregelung die Wahrnehmung auf direktem Wege verändet werden konnte. Höhere Lautstärke bedeutete hierbei, eine geringere Latenzzeit, da der Schwellenwert, der den Auslösereiz für die MEG Datenerfassung darstellte, schneller erreicht wurde.
Houde et al. zeigten in ihrem dritten Experiment, dass die Unterschiede der Amplitude der Konditionen, mit Hilfe von maskierten Geräuschen getilgt werden konnten. Die Maskierung des Signals führte wie bereits beschrieben, zu unterschiedlichen Latenzzeiten innerhalb der beiden Versuchsreihen, die sich ausschließlich auf die linke Hemisphäre beschränkten. Das konnte durch die Studie von Curio et al. (2000) bestätigt werden.

Dieser Umstand ist nach Curio et al. und Houde et al. auf zwei Faktoren zurückzuführen. Die erste These gründet auf eine unterschiedliche Verarbeitungsweise des Sprachfeedbacks im Vergleich zu Feedback von Bandaufnahmen. Obwohl Geräusche innerhalb der Signale die spektralen Eigenschaften des Sprachfeedbacks veränderten, blieben die temporalen Eigenschaften unverändert. Das bedeutet konkret, dass die Produktion des Signals und die Perzeptions des auditorischen Feedbacks zeitlgeich stattfand.

Dies eröffnet den Probanden eine Art von zeitlicher Berechenbarkeit des Signals während der aktiven Produktion, verglichen mit der Beschallung durch die Bandaufnahmen. Die zeitliche Berechenbarkeit des Sprachfeedbacks, ermöglicht den Testpersonen beim aktiven Sprechvorgang die Signale auf anderem Wege zu verarbeiten, als es bei Bandaufnahmen möglich ist.

Die zweite Annahme gründet auf der bereits angesprochenen sprach-dominanten Hirnhälfte, die bei Rechtshändern auf der linken Seite lokalisiert ist. Diese linksseitige Dominanz der Reaktionen wird von Houde et al. zudem mit Ergebnissen aus dem ersten und zweiten Experiment bestätigt.

Des Weiteren sind die Ergebnisse des zweiten Experiments im größten Teil identisch mit den Versuchen von (Numminen u. Curio, 1999). Die Studien von Numminen et al. zeigten ebenfalls vergleichsweise größere Dämpfungs - und. Verzögerungsreaktionen während der Vokalproduktion mit Nebengeräuschen, als bei der Produktion ohne gleichzeitiger Hintergrundbeschallung. In den Versuchen von Houde et al. wurden im Gegensatz zu Numminen et al., Töne anstelle von Vokalen für die Messungen eingesetzt.

Diese Versuchsreihen erzeugten allerdings keine Unterschiede in den Latenzzeiten der M100 Reaktionen. Houde et al. , sehen dieses Ergebnis in der Wahl der Töne anstelle von Vokalen, für die ausgeführten Messungen, begründet. (Diesch u. Luce, 1997, Poeppel u. a., 1996, Kuriki u. Murase, 1989)

Die Unterschiede in den Latenzzeiten von (Curio u. a., 2000), der ersten zum Vergleich herangezogenen Studie, könnte auch aus einem Amplitudenmismatch der maskierten Geräusche resultieren (Hari u. Makela, 1988).

Numminen und Curio sahen auditorische Störungen als Hauptursache dieser Unterschiede. Des Weiteren sprechen die von ihnen ermittelten Ergebisse gegen die "nonspecific attenuation" als Hyptothese der Dämpfungreaktionen. Hörte der Proband während des Sprechens Vokale, so nahm die Reaktion im Vergleich zu der Beschallung durch Bandaufnahmen, um 6% - 9% ab.

Diese Unterschiede innerhalb der Amplitude bestätigen die Resultate des zweiten Experiments von Houde et al., welches zu einer Schwächung "nonspecific attenuation" Hypothese als alleinige Erklärung, führte.

Gunji et al.(2000) fanden durch MEG Studien heraus, dass während des Vokalisierungsvorgangs, sechs verschiedene kortikale Quellen angesprochen werden (Gunji u. a., 2000a,b). Die ersten beiden Quellen liegen in motorischen Regionen der linken und rechten Hemisphäre, und sind für die Kehlkopfsteuerung verantwortlich. Ihre Aktivierung fällt in den Zeitraum von 150msec vor der Vokalisierung. Eine weiteres hier nicht aufgelistetes motorisches Gebiet wurde von (Kuriki u. a., 1999) nachgewiesen. Dessen Aktivierung fällt in den Bereich zwischen 120-320 msec und ist am oberen Ende des linken Inselkortex angesiedelt (Gunji u. a., 2000a). Die Quellen drei und vier befinden sich in den auditorischen Kortexregionen beider Hemisphären.

Sie werden erst nach Beginn der Äußerung aktiviert. In der Region welche die motorischen Stammfunktionen steuert, liegen die Quellen fünf und sechs, ebenfalls auf beide Hemisphären verteilt.

In PET Studien, von Hirano et al. konnten ähnlich Ergebnisse wie bei der MEG Studie von Houde et al. ermittelt werden. In ihrer ersten Studie zeigte der Sprechvorgang eine verminderte Aktivität im auditorischen Kortex. Hirano et al. änderten in der zweiten Versuchsreihe das Sprachfeedback der Probanden, was zu einer verstärkten Aktivierung im auditorischen Kortex führte.

Diese Resultate decken sich mit den Ergebnissen der Experimenten I und III von (Houde u. a., 2002).

6.6 Gründe für die Unterdrückung der Reaktionen im auditorischen Kortex bei der eigenen Sprachproduktion

Die Arbeit von Houde et.al sowie die MEG Studien von Curio et al. und andere bildgebenden Versuchsreihen die PET-oder fMRI benutzten, zeigten eine geminderte Aktivität im auditorisch Kortex bei berechnbaren Signalen. (Hirano u. a., 1996, 1997a,b)

6.6.1 Auditorische Wahrnehmung

Eine mögliche Ursache für die Unterdrückung und Minderung der Aktivität, könnte in der Fähigkeit liegen, selbst produzierte von extern generierter Sprache zu trennen. Diese Unterscheidbarkeit hätte für das sensorische System einen entscheidenden Vorteil. Zum Einen gäbe es die Möglichkeit als Kontrollinstanz des Feedbacks zu agieren. Desweiteren könnten die sensorischen Informationen der extern generierten Signale, primär im Perzeptionsprozess verarbeitet werden. Dies wirft die Frage auf, wie eine solche Unterscheidung in der Praxis realisiert werden könnte.

Eine These besagt, dass motorische Signale zu berechnbaren sensorischen Repräsentationen führen (Jeannerod, 1988). Die sensorischen Repräsentationen werden hierbei mit dem tatsächlichen Feedback verglichen und bei Gleichheit gehemmt. Auf diese Weise ist es möglich, selbst produzierte Signale aus dem Eingangssignal herauszufiltern. Desweiteren ist es möglich, unberechenbare Signale als externe zu klassifizieren und die Aufmerksamkeit auf diese zu lenken.

Die Ergebnisse der Experimente von Houde et al. stützen die These, dass der auditorische Kortex in der Lage ist, diese Filterfunktion einzunehmen. Bei ihren Experimenten mit der selbst produzierten Sprache, wurde wie bereits berichtet, eine deutliche Dämpfungsreaktion festgestellt. In den Versuchsreihen mit den Tonsignalen trat diese Dämpfung nur geringfügig auf. Zudem sprechen für die These des Feedbackabgleichs die Ergebnisse von Houde et al. die innerhalb der Versuchsreihe mit maskierten Geräuschen erzielt wurden. (Blakemore u. a., 1999b) beschrieben ähnliche Ergebnisse im somatosensorischen Kortex, was für die Unterscheidung zwischen selbst-produziertem und extern generiertem sensorischen Eingabesignal als generelles Merkmal des sensorischen System, spricht.

Weißkrantz und Koautoren untersuchten das Phänomen, dass Menschen scheinbar nicht in der Lage sind, sich selbst zu kitzeln (Weiskrantz u. a., 1971). Dies bekräftigt die Annahme, dass sensorische Reaktionen gedämpft werden, wenn das ankommende, mit dem vom Probanden erwartenden Signal, übereinstimmt. In ihrer konkreten Studie, bedienten sie sich eines Apparats, welcher zwischen der Bewegung und der Stimulation eine Verzögerung einbaute. (Blakemore u. a., 1999a).

Die Testpersonen gaben darauf hin an, dass die Intensität der Stimuli mit der Dauer der Verzögerung zunahm. Ein Umstand, der sich möglicherweise durch ein zeitliches Mismatch der tatsächlichen und der erwarteten Stimulation erklären lässt. Diesem Experiment folgte eine weitere fMRI Studie, in der bei Eigenstimulation der Handfläche, im Vergleich zu einer extern generierten Stimulation, die Aktivierungen im somatosensorische Kortex deutlich abgschwächt waren. Ein Ergebnis welches mit den Resultaten von Houde et al.(2002) übereinstimmt.

6.6.2 Kontrolle der Sprachmotorik

Desweiteren bestünde die Möglichkeit, dass die Unterdrückungsreaktionen der Aktivität im auditorischen Kortex, eine Kontrollfunktion einnehmen, indem sie die Quantität des auditorischen Feedbacks regulieren und so auf den Sprachprozess Einfluss nehmen. Probleme könnten hierbei in der Verzögerung der Verarbeitung des auditorischen Eingangssignals auftreten, da zur Kontrolle des Sprechvorgangs, Informationen über die Positionen der Artikulatoren vorliegen müssten.

Diese Daten liegen in akkustischen Parametern wie Tonhöhe und Formantenfrequenzen vor (Stevens, 1999). Eine Extraktion dieser Informationen bedürfte jedoch, einer Art der Signalverabreitung, die möglicherweise mehrere auditorische Gebiete umfasst, und zu erheblichen Verzögerungen führen würde. (Juergens, 2002, Burnett u. a., 1998, Perkell, 1997)

Zudem könnten Reaktionen des Motorkortex, der Übertragung neuronaler Signale zu relevanten Muskelgruppen, als auch die Muskelreaktionen selbst, zusätzliche Verzögerungen auslösen. (Juergens, 2002). Eine sogenannte Verzögerungsschleife zwischen dem auditorischen und dem motorischen Eingangsignal wäre die Folge. Dies führe zu einer Instabilität des gesamten Systems, da das Feedback durch die Zeitverzögerung vom jeweils aktuellen Informationsgehalt abweichen würde (Franklin u. a., 1991). Dennoch scheint das Feedback, ein Teil der Sprachproduktion zu sein.

Wie in der Einleitung bereits beschrieben, konnte die eigene Tonhöhe während des Sprechvorgangs an das Feedback angepasst werden. (Burnett u. a., 1998, Kawahara, 1993, Elman, 1981). In Studien in der die Regulierung des Feedbacks auf Kalmanfiltern beruhte, konnte ermittelt werden, dass die Verstärkung des Feedbacksignals umgedreht proportional zu dem Korrelationsgrad des sensorischen Feedback des getesteten Systems lag (Jacobs, 1993). Die Reaktionen im auditorischen Kortex müsste daher so abgeschwächt werden, dass sie mit den störenden Parametern übereinstimmen.

Abschließen ist zu sagen, dass beide Theorien möglich sind. Sowohl die Filtertheorie, die die ankommende sensorische Daten von extern generierten Informationen abgrenzt, als auch das motorische Kontrolsystem, scheinen plausibel. Um den Nachweis für die eine oder andere Theorie zu erbringen, sind weitere Studien nötig.

7 Zusammenfassung und Ausblick

Aufgrund der vorliegende Studien, scheint der auditorische Kortex vor allem in der Verarbeitung von phonologischen und semantischen Prozessen eine wichtige Rolle zu spielen. Dies wird sowohl in der Arbeit von Hickok & Poppel über das Dual-Stream Model aus dem Jahre 2007, als auch durch Patientenstudien von Huber et al. (1975) bestätigt.

Huber et al. (1975) zeigten in ihrer Beschreibung zur Wernicke-Aphasie, dass Läsionen des auditorischen Kortex, vor allem des sekundären auditorischen Kortex, zu semantischen und phonematischen Paraphrasien führen. Während Huber et al. die einzelnen Abschnitte des auditorischen Kortex nicht weiter spezifizierten, werden die einzelnen Teile des auditorischen Kortex innerhalb des Dual-Stream Modells klar abgegrenzt.

Der dorsale Teil des Temporalgyrus, kurz dorsaler STG, ist im Dual-Stream Modell der spektrotemporalen Analyse zuzuordnen, welche vor allem akkustische Parameter wie Frequenzen erkennt. Das phonologische Netzwerk wird der oberen mittleren Temporalfurche (STS) zugewiesen und steht sowohl mit der vorangehenden spektrotemporalen Analyse als auch mit der lexikalischen und sensomotorischen Schnittstelle in Verbindung.

Die Verbindung zur lexikalischen Schnittstelle ermöglicht den Austausch und die Verarbeitung von phonologischer und semantischer Information. Durch die Wechselwirkung mit den Gebieten der lexikalischen und sensomotorischen Schnittstelle, wirkt der im STS gelegenden Teil wie ein Bindeglied zwischen den sensorisch-perzeptiven und den motorisch-artikulatorischen Teile des Sprachprozesses. Neben den semantischen und phonolgischen Prozesse, wurde auch die Reaktion des auditorischen Kortex auf Sprachstimuli gemessen.

Die Studie von Houde et al. aus dem Jahr 2002 zeigte, dass durch die Sprachwahrnehmung die Sprechweise beeinflußt werden kann. Bezugnehmend auf (Gracco u. a., 1994), konnte gezeigt werden, dass eine Verschiebung des Spektrums während der Perzeption auch eine Veränderung in der Sprachproduktion nach sich zieht. Ähnliche Ergebnisse lieferte zudem ein Studie Kawaharas ein Jahr zuvor, die festellte, dass eine als störend empfundene Tonhöhe während der Perzeption zu einem kompensatorischen Angleichen der eigenen Tonhöhe führt.

In der vorliegenden Studie von Houde et al. (2002) wurden die Reaktionen des auditorischen Kortex auf Sprachstimuli getestet. Ziel der drei Experimente war, die Dämpfungsmechanismen innerhalb des auditorischen Kortex zu ergründen. Die Studie von Houde et al (2002) ähnelte vorangegangenen Studien von Numminen aus dem Jahr 1999. (Numminen u. Curio, 1999, Numminen u. a., 1999).

Diese konnten nachweisen, dass unter verschiedenen Konditionen eine Dämpfungsreaktion im auditorischen Kortex erreicht werden kann. Zum einen machte es einen Unterschied ob laut gesprochen wurde (overt speech), oder der Sprachprozess keine hörbare Lautäußerung zur Folge hatte (silent speech). Desweiteren führte eine Beschallung der Probanden während der gleichzeitigen Perzeption von kurzen Vokalen, zu deutlichen Verzögerungen in den

Reaktionen im auditorischen Kortex. Der erste Versuch der Studie von Houde et al.(2002), bestand ihm Vergleich der "speaking condition " und der "tape playback condition".

Die Ergebnisse dieses ersten Versuchs zeigten eine geringere Dämpfungsreaktion während der Sprachproduktion als bei der Perzeption von Tonbandaufnahmen. In Versuch zwei wurden drei Tonstimuli unter drei verschiedenen Konditionen gemessen. Der erste Teil war eine reine Perzeptionsaufgabe. Teil zwei verband Sprachproduktion mit Perzeption. Im dritten Teil wurde dem gehörten Tonsignal die Aufnahmen des vorherigen Teils beigemischt.

Die Ergebnisse aus Experimente falsifizierten die Annahme, der "nonspecific attenuation", welche nach den Ergebnissen aus Experiment eins abgeleitet wurde. Die These besagt, dass die Aktivierung des Motorkortex neuronale Signale generiert, welche die Altivitäten im auditorischen Kortex hemmt. Dies konnte durch die Ergebnisse mit den Bandaufnahmen aus Exeriment zwei, nicht bestätigt werden.

In Experiment drei überprüften Houde et al. (2002) die These einer auditorisch abgewandelten Form der "reafference hypothesis" von Hein u. Held (1962). Diese These basiert auf der Annahme, dass ein ankommende Signal mit einer internen Repräsentation verglichen wird. Differiert das ankommende Signal durch Manipulation, so kommt es zu einem Mismatch.

Dieses Mismatch sollte dann eine deutliche Abschwächung oder gar vollständige Tilgung der Dämpfungsreaktionen zur Folge haben. Die Ergebnisse aus diesem Versuch zeigten, dass die Annahme korrekt ist und ein verändertes Sprachfeedback ein Verlust der Dämpfungsreaktionen bei selbstproduzierter Sprache führt. Der auditorische Kortex ist somit in der Lage, Sprachfeedbacks einzuordnen und zu interpretieren.

Als Gründe für die Dämpfungsmechanismen wurden zwei Möglichkeiten genannt. Zum Einen eine Kontrolle der Sprachmotorik und somit ein direkter Einfluss auf den Sprachprozess. Desweiteren kann auch die angesprochene Filtertheorie in Betracht gezogen werden. Um den Nachweis für die eine oder andere Theorie zu erbringen, sind weitere Studien nötig.

Literaturverzeichnis

[Ahissar u. a. 2001] AHISSAR, E. ; NAGARAJAN, S. ; AHISSAR, M. ; PROTOPAPAS, A. ; MAHNCKE, H. ; MERZENICH, M. M.: Speech comprehension is correlated with temporal response patterns recorded from auditory cortex. In: *Proceedings of the National Academy of Sciences* 98 (2001), S. 13367–13372

[Andersen 1997] ANDERSEN, R.: Multimodal integration for the representation of space in the posterior parietal cortex. In: *Phil. Trans. Roy. Soc. Lond. B Biol. Sci.* 352 (1997), S. 1421–1428

[Baker u. a. 1981] BAKER, E. ; BLUMSTEIM ; E., S. ; GOODGLASS, H.: Interaction between phonological and semantic factors in auditory comprehension. In: *Neuropsychologia* 19 (1981), S. 1–15

[Basso u. a. 1977] BASSO, A. ; CASATI, G. ; VIGNOLO: Phonemic Identification defects in aphasia. In: *Cortex* 13 (1977), S. 84–95

[Bates 2003] BATES, E. et a.: Voxel-based lesion-symptom mapping. In: *Nature Neurosci.* 6 (2003), S. 448–450

[von Bekesy 1949] BEKESY, G. von: The structure of the middle ear and the hearing of one's own voice by bone conduction. In: *Journal of the Acoustical Society of America* 21 (1949), S. 217–232

[Benson u. a. 2006] BENSON, R. R. ; RICHARDSON, M. ; WHALEN, D. H. ; LAI, S.: Phonetic processing areas revealed by sinewave speech and acoustically similar non-speech. In: *Neuroimage* 31 (2006), S. 342–353

[Binder 1997] BINDER, J. R. et a.: Human brain language areas identified by functional magnetic resonance imaging. In: *J. Neurosci.* 17 (1997), S. 353–362

[Binder 2000] BINDER, J. R. et a.: Human temporal lobe activation by speech and non-speech sounds. In: *Cereb. Cortex* 10 (2000), S. 512–528

[Blakemore u. a. 1999a] BLAKEMORE, S. J. ; FRITH, C. D. ; WOLPERT, D. M.: Spatio-temporal prediction modulates the perception of self-produced stimuli. In: *Journal of Cognitive Neuroscience* 11 (1999), S. 551–559

[Blakemore u. a. 1999b] BLAKEMORE, S. J. ; WOLPERT, D. M. ; FRITH, C. D.: The cerebellum contributes to somatosensory cortical activity during self-produced tactile stimulation. In: *Neuroimage* 10 (1999), S. 448–459

[Blumstein 1973] BLUMSTEIN, S. E.: A phonological investigation of aphasic speech. (1973)

[Blumstein u. a. 1977a] BLUMSTEIN, S. E. ; BAKER, E. ; H., Goodglass: Phonological factors in auditory comprehension in aphasia. In: *Neuropsychologia* 15 (1977), S. 19–30

[Blumstein u. a. 1977b] BLUMSTEIN, S. E. ; COOPER, W. E. ; ZURIF, E. B. ; CARAMAZZA, A.: The perception and production of voice-onset time in aphasia. In: *Neuropsychologia* 15 (1977), S. 371–383

[Boatman 2004] BOATMAN, D.: Cortical bases of speech perception: evidence from functional lesion studies. In: *Cognition* 92 (2004), S. 47–65

[Boemio u. a. 2005] BOEMIO, A. ; FROMM, S. ; BRAUN, A. ; POEPPEL, D.: Hierarchical and asymmetric temporal sensitivity in human auditory cortices. In: *Nature Neurosci.* 8 (2005), S. 389–395

[Boller u. Green 1972] BOLLER, F. ; GREEN, E.: Comprehension in severe aphasics. In: *Cortex* 8 (1972), S. 382

[Buchsbaum u. a. 2001] BUCHSBAUM, B. ; HICKOK, G. ; HUMPHRIES, C.: Role of left posterior superior temporal gyrus in phonological processing for speech perception and production. In: *Cogn. Sci.* 25 (2001), S. 663–678

[Burnett u. a. 1998] BURNETT, T. A. ; FREEDLAND, M. B. ; LARSON, C. R. ; HAIN, T. C.: Voice f0 responses to manipulations in pitch feedback. In: *Journal of the Acoustical Society of America* 103 (1998), S. 3153–3161

[Caplan u. a. 1995] CAPLAN, D. ; GOW, D. ; MAKRIS, N.: Analysis of lesions by MRI in stroke patients with acoustic-phonetic processing deficits. In: *Neurology* 45 (1995), S. 293–298

[Colby u. Goldberg 1999] COLBY, C. L. ; GOLDBERG, M. E.: Space and attention in parietal cortex. In: *Ann. Rev. Neurosci.* 22 (1999), S. 319–349

[Creutzfeldt u. Ojemann 1989] CREUTZFELDT, O. ; OJEMANN, G.: Neuronal activity in the human lateral temporal lobe: III. Activity changes during music. In: *Experimental Brain Research* 77 (1989), S. 490–498

[Creutzfeldt u. a. 1989a] CREUTZFELDT, O. ; OJEMANN, G. ; LETTICH, E.: Neuronal activity in the human lateral temporal lobe: I. Responses to speech. In: *Experimental Brain Research* 77 (1989), S. 451–475

[Creutzfeldt u. a. 1989b] CREUTZFELDT, O. ; OJEMANN, G. ; LETTICH, E.: Neuronal activity in the human lateral temporal lobe: II. Responses to the subjects own voice. In: *Experimental Brain Research* 77 (1989), S. 476–489

[Curio u. a. 2000] CURIO, G. ; NEULOH, G. ; NUMMINEN, J. ; JOUSMAKI, V. ; HARI, R.: Speaking modifies voice-evoked activity in the human auditory cortex. In: *Human Brain Mapping* 9 (2000), S. 183–191

[Damasio u. Damasio 1994] DAMASIO, A. R. ; DAMASIO, H.: Large-scale neuronal theories of the brain. In: *Large-scale neuronal theories of the brain (eds Koch, C. and Davis, J. L.)* (1994), S. 61–74

[Damasio 1991] DAMASIO, H.: Acquired aphasia. In: *Academic (ed. Sarno, M.)* (1991), S. 45–71

[Darwin 1984] DARWIN, C. J.: Attention and Performance X: Control of Language Processes. In: *Attention and Performance X: Control of Language Processes (eds Bouma, J. and Bouwhuis, D. G.)* (1984), S. 197–209

[Dehaene-Lambertz 2005] DEHAENE-LAMBERTZ, G. et a.: Neural correlates of switching from auditory to speech perception. In: *Neuroimage* 24 (2005), S. 21–33

[Demonet u. a. 1992] DEMONET, J. F. ; CHOLLET, F. ; RAMSAY, S. ; CARDEBAT, D. ; NESPOULOUS, J. L. ; WISE, R. ; RASCOL, A. ; FRACKOWIAK, R.: The anatomy of phonological and semantic processing in normal subjects. In: *Brain* 115 (1992), S. 1753–1768

[Diehl u. Kluender 1989] DIEHL, R. L. ; KLUENDER, K. R.: On the objects of speech perception. In: *Ecol. Psychol.* 1 (1989), S. 121–144

[Diesch u. Luce 1997] DIESCH, E. ; LUCE, T.: Magnetic fields elicited by tones and vowel formants reveal tonotopy and nonlinear summation of cortical activation. In: *Psychophysiology* 34 (1997), S. 501–510

[Dijkerman u. de Haan] DIJKERMAN, H. C. ; HAAN, E. H. F. (in the p.: Somatosensory processes subserving perception and action. In: *Behav. Brain Sci. (in the press).*

[Dronkers u. a. 2000] DRONKERS, N. F. ; REDFERN, B. B. ; KNIGHT, R. T.: New Cognitive Neurosciences. In: *New Cognitive Neurosciences (ed. Gazzaniga, M. S.)* (2000), S. 949–958

[Dronkers u. a. 2004] DRONKERS, N. F. ; WILKINS, D. P. ; VAN VALIN, R. D. J. ; REDFERN, B. B. ; JAEGER, J. J.: The New Functional Anatomy of Language: A special issue of Cognition. In: *Elsevier Science* (2004), S. 145–177

[Drullman u. a. 1994a] DRULLMAN, R. ; FESTEN, J. M. ; PLOMP, R.: Effect of reducing slow temporal modulations on speech reception. In: *J. Acoust. Soc. Am.* 95 (1994), S. 2670–2680

[Drullman u. a. 1994b] DRULLMAN, R. ; FESTEN, J. M. ; PLOMP, R.: Effect of temporal envelope smearing on speech reception. In: *J. Acoust. Soc. Am.* 95 (1994), S. 1053–1064

[Dupoux 1993] DUPOUX, E.: Cognitive Models of Speech Processing. In: *(eds Altmann, G. and Shillcock, R.)* (1993), S. 81–114

[Elman 1981] ELMAN, J. L.: Effects of frequency-shifted feedback on the pitch of vocal productions. In: *Journal of the Acoustical Society of America* 70 (1981), S. 45–50

[Franklin u. a. 1991] FRANKLIN, G. F. ; POWELL, J. D. ; EMAMI-NAEINI, A.: Feedback control of dynamic systems (2nd ed.). In: *Addison-Wesley* (1991)

[Friederici u. a. 2000] FRIEDERICI, A. D. ; MEYER, M. ; CRAMON, D. Y.: Auditory language comprehension: an event-related fMRI study on the processing of syntactic and lexical information. In: *Brain* 74 (2000), S. 289–300

[Gainotti u. a. 1982] GAINOTTI, G. ; MICELLI, G. ; SILVERI, M. C. ; VILLA, G.: Some anatomo-clinical aspects of phonemic and semantic comprehension disorders in aphasia. In: *Acta Neurol. Scand.* 66 (1982), S. 652–665

[Goldstein 1948] GOLDSTEIN, K.: Language and language disturbances. (1948)

[Gorno-Tempini 2004] GORNO-TEMPINI, M. L. et a.: Cognition and anatomy in three variants of primary progressive aphasia. In: *Ann. Neurol.* 55 (2004), S. 335–346

[Gracco u. a. 1994] GRACCO, V. L. ; ROSS, D. ; KALINOWSKI, J. ; STUART, A.: Articulatory changes following spectral and temporal modifications in auditory feedback. In: *Journal of the Acoustical Society of America* 95 (1994), S. 2821

[Greenberg u. Arai 2004] GREENBERG, S. ; ARAI, T.: What are the essential cues for understanding spoken language? In: *IEICE Trans. Inf. Syst.* E87-D (2004), S. 1059–1070

[Gunji u. a. 2000a] GUNJI, A. ; HOSHIYAMA, M. ; KAKIGI, R.: Identification of auditory evoked potentials of one's own voice. In: *Clinical Neurophysiology* 111 (2000), S. 214–219

[Gunji u. a. 2000b] GUNJI, A. ; KAKIGI, R. ; HOSHIYAMA, M.: Spatiotemporal source analysis of vocalization-associated magnetic fields. In: *Cognitive Brain Research* 9 (2000), S. 157–163

[Hari u. a. 1980] HARI, R. ; AITTONIEMI, K. ; JARVINEN, M. L. ; KATILA, T. ; VARPULA, T.: Auditory evoked transient and sustained magnetic fields of the human brain. Localization of neural generators. In: *Experimental Brain Research* 40 (1980), S. 237–240

[Hari u. Makela 1988] HARI, R. ; MAKELA, J. P.: Modification of neuromagnetic responses of the human auditory cortex by masking sounds. In: *Experimental Brain Research* 71 (1988), S. 87–92

[Hécaen u. Angelergues 1965] HÉCAEN, H. ; ANGELERGUES, R.: Pathologie du langage. (1965)

[Head 1926] HEAD, H.: Aphasia and kindred disorders of speech. (1926)

[Hein u. Held 1962] HEIN, A. V. ; HELD, R.: A neural model for labile sensorimotor coordination. In: *A neural model for labile sensorimotor coordination. (Eds.) E. Bernard and M. Hare* 1 (1962), S. 71–74

[Hick u. Hick 2009] HICK, C. ; HICK, A.: Intensivkurs Physiologie. In: *Urban & Fischer Verlag* 6 (2009)

[Hickok 2001] HICKOK, G.: Functional anatomy of speech perception and speech production: Psycholinguistic implications. In: *J. Psycholinguist. Res.* 30 (2001), S. 225–234

[Hickok u. a. 2003] HICKOK, G. ; BUCHSBAUM, B. ; HUMPHRIES, C. ; MUFTULER, T.: Auditory-motor interaction revealed by fMRI: Speech, music, and working memory in area Spt. In: *J. Cogn. Neurosci.* 15 (2003), S. 673–682

[Hickok u. Poeppel 2000a] HICKOK, G. ; POEPPEL, D.: Towards a functional neuroanatomy of speech perception. In: *Trends Cognitive Science* 4 (2000), S. 131–138

[Hickok u. Poeppel 2000b] HICKOK, G. ; POEPPEL, D.: Towards a functional neuroanatomy of speech perception. In: *Trends in Cognitive Sciences* 4 (2000), S. 131–138

[Hickok u. Poeppel 2004] HICKOK, G. ; POEPPEL, D.: Dorsal and ventral streams: A framework for understanding aspects of the functional anatomy of language. In: *Cognition* 92 (2004), S. 67–99

[Hickok u. Poeppel 2007] HICKOK, G. ; POEPPEL, D.: The cortical organization of speech processing. In: *Neuroscience* 8 (2007), S. 393–401

[Hirano u. a. 1996] Hirano, S. ; Kojima, H. ; Naito, Y. ; Honjo, I. ; Kamoto, Y. ; Okazawa, H. ; Ishizu, K. ; Yonekura, Y. ; Nagahama, Y. ; Fukuyama, H. ; Konishi, J.: Cortical speech processing mechanisms while vocalizing visually presented languages. In: *Neuroreport* 8 (1996), S. 363–367

[Hirano u. a. 1997a] Hirano, S. ; Kojima, H. ; Naito, Y. ; Honjo, I. ; Kamoto, Y. ; Okazawa, H. ; Ishizu, K. ; Yonekura, Y. ; Nagahama, Y. ; Fukuyama, H. ; Konishi, J.: Cortical processing mechanism for vocalization with auditory verbal feedback. In: *Neuroreport* 8 (1997), S. 2379–2382

[Hirano u. a. 1997b] Hirano, S. ; Naito, Y. ; Okazawa, H. ; Kojima, H. ; Honjo, I. ; Ishizu, K. ; Yenokura, Y. ; Nagahama, Y. ; Fukuyama, H. ; Konishi, J.: Cortical activation by monaural speech sound stimulation demonstrated by positron emission tomography. In: *Experimental Brain Research* 113 (1997), S. 75–80

[Houde u. Jordan 1998] Houde, J. F. ; Jordan, M. I.: Sensorimotor adaptation in speech production. In: *Science* 279 (1998), S. 1213–1216

[Houde u. a. 2002] Houde, J.F. ; Srikantan, S. ; Sekihara, K. ; M.M, Merzenich: Modulation of the Auditory Cortex during Speech: An MEG Study. In: *Journal of Cognitive Science* 14 (2002), S. 1125–1138

[Huber u. a. 1975] Huber, W. ; Stachowiak, F.-J. ; Poeck, K ; Kerschensteiner, M: Die Wernicke-Aphasie: Klinisches Bild und Überlegungen zur neurolinguistischen Struktur. In: *J. Neurol.* 210 (1975), S. 77–95

[Humphries u. a. 2006] Humphries, C. ; Binder, J. R. ; Medler, D. A. ; Liebenthal, E.: Syntactic and semantic modulation of neural activity during auditory sentence comprehension. In: *J. Cogn. Neurosci.* 18 (2006), S. 665–679

[Humphries u. a. 2005] Humphries, C. ; Love, T. ; Swinney, D. ; Hickok, G.: Response of anterior temporal cortex to syntactic and prosodic manipulations during sentence processing. In: *Hum. Brain Mapp.* 26 (2005), S. 128–138

[Humphries u. a. 2001] Humphries, C. ; Willard, K. ; Buchsbaum, B. ; Hickok, G.: Role of anterior temporal cortex in auditory sentence comprehension: an fMRI study. In: *Neuroreport* 12 (2001), S. 1749–1752

[Huppelsberg u. Walter 2005] Huppelsberg, J. ; Walter, K.: *Kurzlehrbuch Physiologie.* Georg Thieme Verlag, 2005

[Indefrey u. Levelt 2004] Indefrey, P. ; Levelt, W. J.: The spatial and temporal signatures of word production components. In: *Cognition* 92 (2004), S. 101–144

[Jacobs 1993] Jacobs, O. L. R.: Introduction to control theory (2nd ed.). In: *Introduction to control theory (2nd ed.). Oxford University Press.* 2 (1993)

[Jancke u. a. 2002] Jancke, L. ; Wustenberg, T. ; Scheich ; H. ; Heinze, H. J.: Phonetic perception and the temporal cortex. In: *Neuroimage* 15 (2002), S. 733–746

[Jeannerod 1988] Jeannerod, M.: The neural and behavioural organisation of goal-directed movements. In: *The neural and behavioural organisation of goal-directed movements. Oxford University Press.* (1988)

[Joanisse u. Gati 2003] JOANISSE, M. F. ; GATI, J. S.: Overlapping neural regions for processing rapid temporal cues in speech and nonspeech signals. In: *Neuroimage* 19 (2003), S. 64–79

[Juergens 2002] JUERGENS, U.: Neural pathways underlying vocal control. In: *Neuroscience and Biobehavioral Reviews* 26 (2002), S. 235–258

[Kawahara 1993] KAWAHARA, H.: Transformed auditory feedback: Effects of fundamental frequency perturbation. In: *Journal of the Acoustical Society of America* 94 (1993), S. 1883

[Kerschensteiner u. a. 1972] KERSCHENSTEINER, M. ; POECK, K. ; BRUNNER, E.: The fluency-non fluency dimension in the classification of aphasic speech. In: *Cortex* 8 (1972), S. 233

[Kleist 1934] KLEIST, K.: Kriegsverletzungen des Gehirns in ihrer Bedeutung für die Hirnlokalisation und Hirnpathologie. In: *Handbuch der ärztlichen Erfahrungen im Weltkriege 1914-1918* (1934)

[Klinke u. Silbernagl 1996] KLINKE, R. ; SILBERNAGL, S.: *Lehrbuch der Physiologie*. Georg Thieme Verlag, 1996

[Kuriki u. a. 1999] KURIKI, S. ; MORI, T. ; HIRATA, Y.: Motor planning center for speech articulation in the normal human brain. In: *NeuroReport* 10 (1999), S. 765–769

[Kuriki u. Murase 1989] KURIKI, S. ; MURASE, M.: Neuromagnetic study of the auditory responses in right and left hemispheres of the human brain evoked by pure tones and speech sounds. In: *Experimental Brain Research* 77 (1989), S. 127–134

[Lane u. Tranel 1971] LANE, H. ; TRANEL, B.: The lombard sign and the role of hearing in speech. In: *Journal of Speech and Hearing Research* 14 (1971), S. 677–709

[Lee 1950] LEE, B. S.: Some effects of side-tone delay. In: *Journal of the Acoustical Society of America* 22 (1950), S. 639–640

[Levelt 1983] LEVELT, W. J.: Monitoring and self-repair in speech. Cognition. 14 (1983), S. 41–104

[Levelt 1989] LEVELT, W. J. M.: Speaking: From intention to articulation. In: *Cambridge: MIT Press.* (1989)

[Liberman u. Mattingly 1985] LIBERMAN, A. M. ; MATTINGLY, I. G.: The motor theory of speech perception revised. In: *Cognition* 21 (1985), S. 1–36

[Liberman u. Mattingly 1989] LIBERMAN, A. M. ; MATTINGLY, I. G.: A specialization for speech perception. In: *Science* 243 (1989), S. 489–494

[Liebenthal u. a. 2005] LIEBENTHAL, E. ; BINDER, J. R. ; SPITZER, S. M. ; POSSING, E. T. ; MEDLER, D. A.: Neural substrates of phonemic perception. In: *Cereb. Cortex* 15 (2005), S. 1621–1631

[Liegeois-Chauvel u. a. 1994] LIEGEOIS-CHAUVEL, C. ; MUSOLINO, A. ; BADIER, J. M. ; MARQUIS, P. ; CHAUVEL, P.: Evoked potentials recorded from the auditory cortex in man: Evaluation and topography of the middle latency components. In: *Electroencephalography and Clinical Neurophysiology* 92 (1994), S. 204–214

[Luce u. Pisoni 1998] LUCE, P. A. ; PISONI, D. B.: Recognizing spoken words: the neighborhood activation model. In: *Ear Hear.* 19 (1998), S. 1–36

[Luria 1970] LURIA, A. R.: Die höheren kortikalen Funktionen des Menschen und ihre Sörungen bei örtlichen Hirnschädigungen. (1970)

[Marslen-Wilson 1987] MARSLEN-WILSON, W. D.: Functional parallelism in spoken word-recognition. In: *Cognition* 25 (1987), S. 71–102

[Mazoyer 1993] MAZOYER, B. M. et a.: The cortical representation of speech. In: *J. Cogn. Neurosci.* 5 (1993), S. 467–479

[McClelland u. Elman 1986] MCCLELLAND, J. L. ; ELMAN, J. L.: The TRACE model of speech perception. In: *Cognit. Psychol.* 18 (1986), S. 1–86

[McGlone 1984] MCGLONE, J.: Speech comprehension after unilateral injection of sodium amytal. In: *Brain Lang.* 22 (1984), S. 150–157

[McGuire u. a. 1996] MCGUIRE, P. K. ; SILBERSWEIG, D. A. ; FRITH, C. D.: Functional neuroanatomy of verbal self-monitoring. In: *Brain* 119 (1996), S. 907–917

[Miceli u. a. 1980] MICELI, G. ; GAINOTTI, G. ; CALTAGIRONE, C. ; MASULLO, C.: Some aspects of phonological impairment in aphasia. In: *Brain Lang.* 11 (1980), S. 159–169

[Miglioretti u. Boatman 2003] MIGLIORETTI, D. L. ; BOATMAN, D.: Modeling variability in cortical representations of human complex sound perception. In: *Exp. Brain Res.* 153 (2003), S. 382–387

[Milner u. Goodale 1995] MILNER, A. D. ; GOODALE, M. A.: The visual brain in action. In: *Oxford Univ. Press* (1995)

[Milner u. a. 1991] MILNER, A. D. ; GOODALE, M. A. ; JAKOBSON, L. S. ; CAREY, D. P.: A neurological dissociation between perceiving objects and grasping them. In: *Nature* 349 (1991), S. 154–156

[Muller-Preuss u. Ploog 1981] MULLER-PREUSS, P. ; PLOOG, D.: Inhibition of auditory cortical neurons during phonation. In: *Brain Research* 215 (1981), S. 61–76

[Murata u. a. 1996] MURATA, A. ; GALLESE, V. ; KASEDA, M. ; SAKATA, H.: Parietal neurons related to memory-guided hand manipulation. In: *J. Neurophysiol.* 75 (1996), S. 2180–2186

[Narain 2003] NARAIN, C. et a.: Defining a left-lateralized response specific to intelligible speech using fMRI. In: *Cereb. Cortex* 13 (2003), S. 1362–1368

[Numminen u. Curio 1999] NUMMINEN, J. ; CURIO, G.: Differential effects of overt, covert and replayed speech on vowel-evoked responses of the human auditory cortex. In: *Neuroscience Letters* 272 (1999), S. 29–32

[Numminen u. a. 1999] NUMMINEN, J. ; SALMELIN, R. ; HARI, R.: Subject's own speech reduces reactivity of the human auditory cortex. In: *Neuroscience Letters* 265 (1999), S. 119–122

[Okada u. Hickok 2003] OKADA, K. ; HICKOK, G.: An fMRI study investigating posterior auditory cortex activation in speech perception and production: evidence of shared neural substrates in superior temporal lobe. In: *Soc. Neurosci.* (2003)

[Papanicolaou u. a. 1986] PAPANICOLAOU, A. C. ; RAZ, N. ; LORING, D. W. ; EISENBERG, H. M.: Brain stem evoked response suppression during speech production. In: *Brain and Language* 27 (1986), S. 50–55

[Perenin u. Vighetto 1988] PERENIN, M.-T. ; VIGHETTO, A.: Optic ataxia: A specific disruption in visuomotor mechanisms. I. Different aspects of the deficit in reaching for objects. In: *Brain* 111 (1988), S. 643–674

[Perkell 1997] PERKELL, J.: Articulatory processes. In: *In W. J. Hardcastle & J. Laver (Eds.), The handbook of phonetic sciences* (1997), S. 333–370

[Pick 1931] PICK, A.: Aphasie. In: *Handbuch der normalen und pathologischen Physiologie* 15/2 (1931)

[Picton u. a. 1999] PICTON, T. W. ; ALAIN, C. ; WOODS, D. L. ; JOHN, M. S. ; SCHERG, M. ; VALDES-SOSA, P. ; BOSCH-BAYARD, J. ; TRUJILLO, N. J.: Intracerebral sources of human auditory-evoked potentials. In: *Audiology and Neuro-otology* 4 (1999), S. 64–79

[Poeppel u. a. 1996] POEPPEL, D. ; YELLIN, E. ; PHILLIPS, C. ; ROBERTS, T. P. ; ROWLEY, H. A. ; WEXLER, K. ; MARANTZ, A.: Task-induced asymmetry of the auditory evoked m100 neuromagnetic field elicited by speech sounds. In: *Cognitive Brain Research* 4 (1996), S. 231–242

[Price u. a. 2005] PRICE, C. ; THIERRY, G. ; GRIFFITHS, T.: Speech-specific auditory processing: where is it? In: *Trends Cognitive Science* 9 (2005), S. 271–2176

[Price 1996] PRICE, C. J. et a.: Hearing and saying: The functional neuro-anatomy of auditory word processing. In: *Brain* 119 (1996), S. 919–931

[Rauschecker 1998] RAUSCHECKER, J. P.: Cortical processing of complex sounds. In: *Curr. Opin. Neurobiol.* 8 (1998), S. 516–521

[Reite u. a. 1994] REITE, M. ; ADAMS, M. ; SIMON, J. ; TEALE, P. ; SHEEDER, J. ; RICHARDSON, D. ; GRABBE, R.: Auditory m100 component: 1. Relationship to heschl's gyri. In: *Cognitive Brain Research* 2 (1994), S. 13–20

[Remez u. a. 1981] REMEZ, R. E. ; RUBIN, P. E. ; PISONI, D. B. ; CARRELL, T. D.: Speech perception without traditional speech cues. In: *Science* 212 (1981), S. 947–950

[Richer u. a. 1989] RICHER, F. ; ALAIN, C. ; ACHIM, A. ; BOUVIER, G. ; SAINT-HILAIRE, J. M.: Intracerebral amplitude distributions of the auditory evoked potential. In: *Electroencephalography and Clinical Neurophysiology* 74 (1989), S. 202–208

[Rimol u. a. 2005] RIMOL, L. M. ; SPECHT, K. ; WEIS, S. ; SAVOY, R. ; HUGDAHL, K.: Processing of sub-syllabic speech units in the posterior temporal lobe: an fMRI study. In: *Neuroimage* 26 (2005), S. 1059–1067

[Rissman u. a. 2003] RISSMAN, J. ; ELIASSEN, J. C. ; BLUMSTEIN, S. E.: An event-related FMRI investigation of implicit semantic priming. In: *J. Cogn. Neurosci.* 15 (2003), S. 1160–1175

[Rizzolatti u. a. 1997] RIZZOLATTI, G. ; FOGASSI, L. ; GALLESE, V.: Parietal cortex: from sight to action. In: *Curr. Opin. Neurobiol.* 7 (1997), S. 562–567

[Rodd u. a. 2005] RODD, J. M. ; DAVIS, M. H. ; JOHNSRUDE, I. S.: The neural mechanisms of speech comprehension: fMRI studeis of semantic ambiguity. In: *Cereb. Cortex* 15 (2005), S. 1261–1269

[Saberi u. Perrott 1999] SABERI, K. ; PERROTT, D. R.: Cognitive restoration of reversed speech. In: *Nature* 398 (1999), S. 760

[Scherg u. Von Cramon 1985] SCHERG, M. ; VON CRAMON, D.: Two bilateral sources of the late aep as identified by a spatio-temporal dipole model. In: *Electroencephalography and Clinical Neurophysiology* 62 (1985), S. 32–44

[Scherg u. Von Cramon 1986] SCHERG, M. ; VON CRAMON, D.: Evoked dipole source potentials of the human auditory cortex. In: *Electroencephalography and Clinical Neurophysiology* 65 (1986), S. 344–360

[Schonwiesner u. a. 2005] SCHONWIESNER, M. ; RUBSAMEN, R. ; CRAMON, D. Y.: Hemispheric asymmetry for spectral and temporal processing in the human antero-lateral auditory belt cortex. In: *Eur. J. Neurosci.* 22 (2005), S. 1521–1528

[Scott u. a. 2000] SCOTT, S. K. ; BLANK, C. C. ; ROSEN, S. ; WISE, R. J. S.: Identification of a pathway for intelligible speech in the left temporal lobe. In: *Brain* 123 (2000), S. 2400–2406

[Shannon u. a. 1995] SHANNON, R. V. ; ZENG, F.-G. ; KAMATH, V. ; WYGONSKI, J. ; EKELID, M.: Speech recognition with primarily temporal cues. In: *Science* 270 (1995), S. 303–304

[Spitsyna u. a. 2006] SPITSYNA, G. ; WARREN, J. E. ; SCOTT, S. K. ; TURKHEIMER, F. E. ; WISE, R. J.: Converging language streams in the human temporal lobe. In: *J. Neurosci.* 26 (2006), S. 7328–7336

[Stevens 1999] STEVENS, K. N.: Acoustic phonetics. In: *Cambridge: MIT Press.* (1999)

[Stevens 2002] STEVENS, K. N.: Toward a model for lexical access based on acoustic landmarks and distinctive features. In: *J. Acoust. Soc. Am.* 111 (2002), S. 1872–1891

[Stufflebeam u. a. 1998] STUFFLEBEAM, S. M. ; POEPPEL, D. ; ROWLEY, H. A. ; ROBERTS, T. P.: Peri-threshold encoding of stimulus frequency and intensity in the m100 latency. In: *Neuroreport* 9 (1998), S. 91–94

[Suga u. Schlegel 1972] SUGA, N. ; SCHLEGEL, P.: Neural attenuation of responses to emitted sounds in echolocating rats. In: *Science* 177 (1972), S. 82–84

[Suga u. Shimozawa 1974] SUGA, N. ; SHIMOZAWA, T.: Site of neural attenuation of responses to self-vocalized sounds in echolocating bats. In: *Science* 183 (1974), S. 1211–1213

[Tübingen] `http://www.uak.medizin.uni-tuebingen.de/depii/groups/elke_archiviert/lectures/audisys.pdf`

[Trepel 2004] TREPEL, M.: Neuroanatomie: Struktur und Funktion. In: *Urban & Fischer Verlag* 3 (2004)

[Ungerleider u. Mishkin 1982] UNGERLEIDER, L. G. ; MISHKIN, M.: Analysis of visual behaviour (eds Ingle, D. J., Goodale, M. A. and Mansfield, R. J. W.). In: *MIT Press, Cambridge, Massachusetts,* (1982), S. 549–586

[Vandenberghe u. a. 2002] Vandenberghe, R. ; Nobre, A. C. ; Price, C. J.: Vandenberghe, R., Nobre, A. C. and Price, C. J. In: *J. Cogn. Neurosci.* 14 (2002), S. 550–560

[Vitevitch u. Luce 1999] Vitevitch, M. S. ; Luce, P. A.: Probabilistic phonotactics and neighborhood activation in spoken word recognition. In: *J. Mem. Lang.* 40 (1999), S. 374–408

[Vouloumanos u. a. 2001] Vouloumanos, A. ; Kiehl, K. A. ; Werker, J. F. ; Liddle, P. F.: Detection of sounds in the auditory stream: event- related fMRI evidence for differential activation to speech and nonspeech. In: *J. Cogn. Neurosci.* 13 (2001), S. 994–1005

[Weiskrantz u. a. 1971] Weiskrantz, L. ; Elliott, J. ; Darlington, C.: Preliminary observations on tickling oneself. In: *Nature* 230 (1971), S. 598–599

[Wernicke 1874a] Wernicke, C.: Der aphasische Symptomencomplex. In: *Cohn und Weigert* (1874)

[Wernicke 1874b] Wernicke, C.: Studies in the Philosophy of Science. In: *Studies in the Philosophy of Science (eds Cohen, R. S. and Wartofsky, M. W.) (D. Reidel, Dordrecht, 1874/1969).* (1874 / 1969), S. 34–91

[Whalen 2006] Whalen, D. H. et a.: Differentiation of speech and nonspeech processing within primary auditory cortex. In: *J. Acoust. Soc. Am.* 119 (2006), S. 575–581

[Woods u. a. 1984] Woods, D. L. ; Knight, R. T. ; Neville, H. J.: Bitemporal lesions dissociate auditory evoked potentials and perception. In: *Electroencephalography and Clinical Neurophysiology* 57 (1984), S. 208–220

[Yates 1963] Yates, A. J.: Delayed auditory feedback. In: *Psychological Bulletin* 60 (1963), S. 213–232

[Zaidel 1985] Zaidel, E.: The Dual Brain: Hemispheric Specialization in Humans. In: *(eds Benson, D. F. and Zaidel, E.)* (1985), S. 205–231

[Zatorre u. a. 2002] Zatorre, R. J. ; Belin, P. ; Penhune, V. B.: Structure and function of auditory cortex: music and speech. In: *Trends Cognitive Science* 6 (2002), S. 37–46

[Zatorre u. a. 1992] Zatorre, R. J. ; Evans, A. C. ; Meyer, E. ; Gjedde, A.: Lateralization of phonetic and pitch discrimination in speech processing. In: *Science* 256 (1992), S. 846–849

Autorenprofil

Timo Schweizer wurde 1981 in Nürtingen geboren.
Nach dem Erhalt der allgemeinen Hochschulreife, entschied sich der Autor für das Studium der Computerlinguistik mit dem Nebenfach Anglistik an der Universität Stuttgart, welches er mit dem akademischen Grad ‚Diplom-Linguist' im Jahre 2011 erfolgreich abschloss.
Bereits während des Studiums sammelte der Autor Erfahrungen in der Analyse prosodischer Phänomene. Fasziniert von neuronalen Prozessen im Allgemeinen und der Wechselwirkung von Sprache und Gehirn im Speziellen, entwickelte der Autor ein besonderes Interesse an der Thematik des vorliegenden Buches.